上海市园林设计研究总院有限公司院庆 80 周年学术成果
景观设计系列丛书

景观设计中的平面铺装

章怡维
上海市园林设计研究总院有限公司　著

中国建筑工业出版社

图书在版编目（CIP）数据

景观设计中的平面铺装 / 章怡维著. -- 北京：中
国建筑工业出版社，2025. 6. --（景观设计系列丛书）.
ISBN 978-7-112-31125-5

Ⅰ. TU986.2

中国国家版本馆 CIP 数据核字第 2025W105V9 号

责任编辑：吴宇江　朱晓瑜　孙书妍
书籍设计：锋尚设计
责任校对：王　烨

景观设计系列丛书

景观设计中的平面铺装

章怡维　　著

上海市园林设计研究总院有限公司

*

中国建筑工业出版社出版、发行（北京海淀三里河路9号）

各地新华书店、建筑书店经销

北京锋尚制版有限公司制版

临西县阅读时光印刷有限公司印刷

*

开本：880毫米×1230毫米　1/16　印张：13　字数：351千字

2025年7月第一版　　2025年7月第一次印刷

定价：**168.00**元

ISBN 978-7-112-31125-5

（44827）

　　章怡维同志自1961年从同济大学建筑系毕业后来到上海园林局的园林设计院工作，至今已一个甲子有余了。怡维同志从意气风发的青年到白发苍苍的耄耋老人，一直工作在园林设计的第一线，他的足迹遍及浦西和浦东、崇明等地区的大公园、居住区和乡村道路。他曾任上海园林设计院室主任、浦东建筑研究院副总工程师，现在仍担任上海市园林设计研究总院有限公司顾问。他于1987年加入中国共产党，2018年获得上海市风景园林学会颁发的终身成就奖。怡维同志笔耕不辍，写过30余篇论文，陆续登载在《绿笔采风》院刊上，并在中国建筑工业出版社出版了专著《景观设计中的垂直交通——阶、坡、梯》。

　　本书着重讨论景观设计中的平面铺装——汀、道、场。

　　作者根据自己的实践经验，提出将地面铺装分为44类，对种类选择又有十项依据，比如，人来车往、浏览欣赏——使用要求，规划风格、设计意境——景观要求等，这里不再一一列举。这些来自实践的规定不仅具有独创性，而且可操作性强，从感性上升为理性，推进城市管理走向精细化和生态化！

严玲璋

上海市园林局原副局长，教授级高级工程师
2013年获中国风景园林学会颁发终身成就奖

序 二

PREFACE

很荣幸能作为该书的第一个读者，乐此发表些读后感。《景观设计中的平面铺装》全书，统观不过是"小品"，却是大讲究。

第一，全书共有6章45节，内容严整丰富，单就上万幅的图片，收集之力、自拍之功都足见作者之心力。

第二，本书可谓该领域的"百科全书"，内容囊括相关品种、材质、特性、性能、选材、构造、应用、施工要点、规格、价格等。呈现出琳琅满目的实例，其涵盖了不同风格、意境悬殊、趣味相异的各类情形，且所处环境也不尽相同。而案例虽以正面为主，但也不乏负面，以示后人不重蹈覆辙，例如玻璃透光、透视与不雅曝光。

第三，虽是专注工程技艺，但不时穿插着历史文化、趣闻轶事和典故传说，如端午节的"斗草之乐""文斗"与"武斗"。而且著书之时，不忘思考，如白居易《赋得古原草送别》的"离离原上草，一岁一枯荣。野火烧不尽，春风吹又生"，提出不要除尽野草的主张。

第四，遍及全球各个角落的案例，不经意地带你漫游世界。

第五，上万幅的图片，图伴文理，边读边思；百科全书，随机查阅；天下景汇，阅兼游赏，可作伴身读物，消娱相随。我习惯阅读电子版，因为方便作记号或摘录，但对该书我更期待纸质版，因为便于随机翻阅，见图索文，一定会有更多收获。

第六，中国城镇化进入后半场，城乡建设从速度型转向质量型，从规模型转向品质型，建设生态城市、海绵城市，更加关注民生，让城乡给人以幸福感、安全感、归属感。今天，城乡建设呼唤细腻精致的处理，以提高人居环境。大到国家公园，中到各省市的绿廊、绿道、郊野公园，小到袖珍广场、家庭小园，都离不开该书中的"小玩意"，小中见大，恰逢其时地奉献给了这个伟大的时代。

作者是同济大学1961届中国第一届风景园林专业（专门化）的毕业生（1959年从城市规划专业班级中分出的15位学生之一）。但毕业时正遇上"三年困难时期"，温饱不保，谈何园林？

作为作者的大学同窗，识他是一位有独立思想的人。他在从事几十年园林设计工作之后，年过八旬还如此孜孜不倦，继2017年出版《景观设计中的垂直交通——阶、坡、梯》之后，时隔几年本书又问世了，不论是人品还是文品都应向广大读者推荐。

陈秉钊
同济大学建筑与城市规划学院原院长
中国城市规划学会原副理事长，获学会终身成就奖

目 录

CONTENTS

第 **1** 章
绿地铺装的要求

绿地面向大众，铺装应适合多项功能要求。加上各区域的自然条件和景观要求不同，从而形成多样性特点。

1.1　融洽于地

绿地是大地的重要组成部分，铺装在自然之中，希望与环境融为一体。大道无形，不求对称、豪华。"路是人走出来的"，要关注道路的生态，与植物、地形和水环境配合默契，这是绿地铺装有别于市政设施的重要特点。详见第3章。

"路是人走出来的"　　　　曲折的径　　　　与水配合的汀　　融洽于地面的阶

1.2　弹性空间

绿地对全民开放，铺装的特点之一是使用形式和数量上的变化多样。从门可罗雀到人满为患，从寂寥娴静到群体活动，再到防灾备战，要在优雅中不露痕迹地留下伸缩空间，有弹性的承载面，并富诗情画意。

人流量变化悬殊

相对固定空间

有伸缩余地

1.3　适当选型

　　铺装的多样性用途包括观赏、休闲、陈列、健身、跳舞、露营、儿童游乐和紧急交通、避难防灾、林木植栽等，这决定了铺装的色泽、防滑性、弹性、透水性、价格等要求各不相同。要把握功能、风采、环保和经济的选型要求，没有必要追求过多的"装饰美"。绿地的主要铺装可综合为8类36种，详见附录10，供选型时对照比较。

重视形式美

自身也是景

衬托环境美

与环境协调

1.4　风貌特色

　　铺装衬托了自然风光，自身也是景。铺装各有特色，风貌的形成，一是心中要有传统的、地方的、民间的创作题材；二是要下功夫从中寻求美的规律，经过提炼去伪存真；三是要采用新颖科技、材料、工艺。

雾中外滩　　　　　　　　　　明朗浦东　　　　　　　　　　洞中新景　　　新中有旧

1.5　人文景观

　　强调文化的影响，要善于从生活中吸收艺术元素，形成文化底蕴。有作家说："民间的俗言俚语包含着很多语言化石，有很多看起来很土的话，写到纸上就会发现它非常典雅。"人文景观来自多方面：乡愁、传说、遗址、风水、宗教、习俗……"画山要看山，画马要看马，闭门造云岚，终算不得画"，值得借鉴。

第❷章
铺装种类的选择

公园、绿地铺装种类多，本书列有三十六种。系统地分类，目的在于针对地段、特点，择优选择铺装类型。景观方案多有比较，唯铺装常随思所欲，更缺造价、管养概念。不积跬步，无以至千里；不积小流，无以成江海。

2.1 人来车往，浏览欣赏——使用要求

2.1.1 使用特点

绿地铺装运行的特点是人优于车，观行并重。交通、浏览功能影响铺装类型的选择，更涉及面积、结构、装饰等方方面面，形成广场车路、林荫步道、庭院花街、羊肠鸟道、无障碍通道等。

2.1.2 限制通行

绿地限制车行，但仍有游览、消防、急救、养管、防灾避疫等需求。专业绿地设有机动车道，如大型风景区、动植物园、森林公园、郊野公园……国家公园在核心保护区实施管控，一般区域对公众开放。多数绿地限制车行。

2.1.3 人车合流

即使通车频率和载重有限制，建议规划干道为人车合流，从时间、地段、车型等方面进行控制，节约铺装用地和投资。铺装损坏和浪费多因车走人行道。

对于车流并不频繁的路面铺装，美景配上朴实无华的道路才显大气磅礴。

灵石公园（沥青）　　　　方塔园（块石）　　　　黄兴公园（透水）　　　　肇加浜公园
　　　　　　　　　　　　　　　　　　　　　　　　　　　　　　　　　　　　（弹街石）

2.1.4　车道景观

车道的景观与车速密切相关。例如，快速路两侧绿化种植块面、间隔变化要大。路面除整体色彩、交通指示照明外，应装饰简洁。

能看清前方物体尺寸的距离与车速的关系

车速（km/h）	60	80	100	120	140
距离（m）	370	500	660	820	1000
物体（cm）	110	150	200	250	300

绿地车道（含广场中可通车部分）和车辆要有风景趣味，但不宜张扬。

各种带有观赏性和趣味性的车辆

美学家朱光潜曾呼吁："慢慢走，欣赏啊！"块石路走马车清脆悦耳，有轨电车在"当当当"中摇晃。活动的古董，思古的幽情。

2.1.5　人流情况

（1）活动分析。行人有动和静、慢和快、挤和旷的不同游览和观赏方式。这就像看宣传画、广告画与看油画、雕塑不同一样。路面美化的简繁，也要考虑游览速度、观赏方式的不同。

根据实测，上海青年人的步行速度是1.35～1.51m/s（高于全国标准），上海中年人的步行速度是1.37～1.45m/s（高于全国标准），上海老年人的步行速度是0.96～1.01m/s（低于全国标准）。

人行活动还包括婴儿车推行、无障碍通行等。

（2）活动方式。规划时要兼顾各类活动方式，建议分五种类型：适用于儿童游戏的铺装，如草坪、沙滩、竹木、合成材料等；适用于健步运动的铺装，如嵌草地坪、竹木、庭院花街、传统土砖、路面砖、合成材料、板材等；适用于慢行观赏的铺装，如草坪、松散材料、竹木、庭院花街、传统土砖、石料板材等；适用于安静休憩的铺装，如草坪、松散材料、汀、嵌草地坪、竹木、庭院花街、传统土砖、路面砖等；适用于团体活动的铺装，如草坪、嵌草地坪、竹木、路面砖、合成材料、广场砖等。

（3）活动规模。活动按参与形式可分为集体活动、亲友活动及单独活动三类。适用于单独或少数人活动（如聊天、书写、摄影等）的铺装类型，如土路、汀、嵌草地坪、庭院花街、传统土砖等。角隅田径、汀步阡陌，既有独立的幽静空间，又有连贯的通行与停留空间。适用于集体活动（如练武术、露营、跳广场舞等）的铺装，要大小结合，成为"面"的铺装要注意表面和边缘美化，高峰时要相互容让，淡季时不显空旷冷清。

独处　　　休憩　　　缓行　　　　　徘徊　　　　适中　　　　人满为患

（4）Citywalk。它源自西方，意为城市漫步，暗示随意、缓慢、心怀好奇的行走方式。法国诗人波特莱尔提出近义词——闲荡者，用来形容巴黎街头那些富有才思妙想，而又喜欢游荡街头、吟诗作画的人。

在中国，"轧马路"一词出现于20世纪70年代。"散步"则被认为起源于魏晋南北朝。当时有种叫"五石散"的药物，药性发作时人要靠行走来"散发"。到了北宋，苏轼写下"何夜无月？何处无竹柏？但少闲人如吾两人者耳"，成了对作者心境最经典的阐释。

散步，让人了解自己生活于其中的空间是怎么形成的，经历了什么变化。在这里，我们已经把城市、街道散步的概念扩展到绿地。

总的来说，整体、块石路面适于车行；软质、松散铺装和汀步，不适合车载、无障碍通行，也不宜速达，但有利生态、有悠然的情趣。王维诗："人闲桂花落，夜静春山空"，闲与静引入熟稔的"慢风景"。

使用最广泛的是人行道路面砖，景观铺面常用石木料，最具特色的是金属、玻璃和塑胶等铺面，除了平坦、舒适之外，还有各种特殊要求。

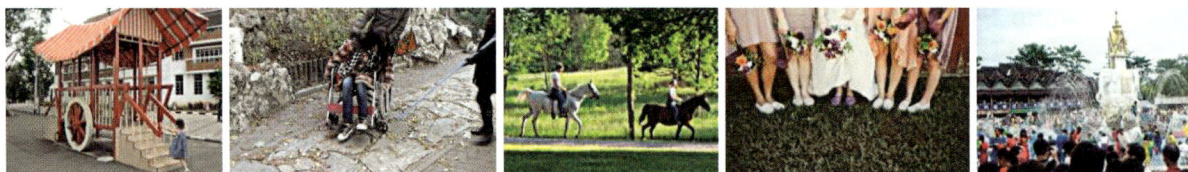

各种类使用要求不同：人行、无障碍通行、骑马、停留、节庆（泼水节）

2.2　规划风格，设计意境——景观要求

绿地的铺装，特点是分布广、面接触且视点低，有承载、分布、材料纹理质感方面的优势。铺装不求高档，但须有格调、特点。

2.2.1 地域性材料

日本庭院、美国拉斯维加斯室外环境和西班牙福门特拉岛度假屋，都抓住始于足下的"沙"。同样是松散材料，只要抓住特点，加上造型、做法迥异，仍可创造出不同的地方风貌（如大漠和波浪）。追求高贵异域，不如俯地取材。

日本的庭院　　　美国拉斯维加斯的室外环境　　　西班牙福门特拉岛度假屋

2.2.2 特色的造型

从葡萄牙、西班牙，到中国澳门以及新加坡的弹石街，其路面独特的"波浪"让人联想到海洋民族。而江南乡镇的条石，其传统造型常常成为"乡愁"的一部分。

中国澳门"波浪"形路面　　葡萄牙"波浪"形路面　　新加坡"波浪"形路面　　江南乡镇的条石

2.2.3 灵异的空间

铺装用料要配合不同类型空间创造氛围。砾、砖、木等材料在不同环境都能发挥其用处，创造出清冷、活泼或温馨的情境，做到相得益彰、恰如其分。

优美沙砾铺地　　疏朗地砖庭院　　特征鲜明的水池　　温馨的木板庭院

2.2.4　传统的风貌

美国公路边常有巨型人像，牛仔、酋长、海盗、伐木工等不一而足，数以千计。它代表美国20世纪60年代"车轮上的国家"的生产力，是一个时代鲜活的记忆，也映射出特定的民族历史情境。

美国是一个移民国家，不同种族的人共存，一闪而过的路边形象使其传播力远胜于文字。我国的线型墙、江南块石形质醒目，同样值得借鉴。

美国公路边的巨型人像　　　　与敦煌地貌相呼应的线型墙

2.2.5　有文化底蕴

王安石有诗："看似寻常最奇崛，成如容易却艰辛。"作为景观的重要元素，铺装应体现文化和传统。大道至简，很多国家重要的标志性建筑其地面就是由砾、沙、草铺就而成。

如英国温莎城堡占地7万m²，填护城河为花园。其主路Long Walk长约4.26km，主要由泥土、沙石等自然材料铺就而成，沿途极简朴。

英国海德公园　　　英国温莎城堡主路　　　　日本皇宫广场　　　　韩国光化门铺装

贺喜灯笼挂刺丝网上，不锈钢囚笼敬奉烟火，城市道路围栏、门窗钢栅多同牢笼，让人啼笑皆非。再多的铺装装潢，没有文化底蕴其投资都将血本无归。

刺丝网上挂灯笼　　　不锈钢囚笼敬奉烟火　　　有人迹但缺少文化

2.2.6 崇洋与复古

在我国城市建设历程中，出现过"金钱酒瓶""直接移植""重上轻下"等做法。一些地方热衷于在绿地上做大型广场、大型喷泉、大型雕塑等，动辄投入巨额资金。

大型广场　　　　　　　　大型喷泉　　　　　　　　巨型铜钱建筑　　　　　　大型雕塑

画家贺天健先生曾说："我们对自己的祖国江山，要有真挚热切的感情，才能从这里面产生艺术的美来。"这也是绿地铺装的重要特点，来自实际，来自人民，彰显城市活力，富有传统的乡情。

2.3 场地大小，视觉变幻——空间要求

2.3.1 绿地空间

创作要有内涵、有创新，才能成为视觉中心，控制空间。如黔南龙里县的"大地之子"，让人挂念。

广袤山川中的"大地之子"　新颖的空中走廊　　　缺少悬念的栈道

2.3.2 空间大小

视线的长短不同，会使铺装的视觉效果截然不同。通常而言，大型广场、高楼周边的地面景观，主要通过图案色彩、纹理层次、线缝尺度来进行调整优化。

（1）纹理层次。辽宁铁岭凡河新城的钻石广场（北京清华同衡规划设计研究院有限公司设计）面积为1.55hm²，采用冰裂纹图案，寄望铁岭能若"北方钻石"蓬荜生辉。设计者从200m、50m和1.5m高度

研究广场的视觉效果，将广场的冰裂纹分为三种尺度。第一层次用深色石材镶嵌LED灯带，装饰性分割线宽30cm，块面积60~80m²。第二层次为10cm宽的条形黑色花岗石分割线。从50m高楼层俯瞰，可以看到这两个层次组成的视觉效果。第三层次为广场上人视觉的正常尺度，板缝宽统一为5mm。

铁岭凡河新城钻石广场的层次

上海虹口商务中心南广场用石板贴面，楼高而场广，用单向双线深色划分，条距约6m。没有过多装饰，简洁灰白无疵，但缺乏回味。

上海虹口商务中心南广场的石板贴面

（2）粗中有细。尺度因素影响空间"大小"，要用细腻手法组织材料来扩展视野，微小并非局促，一可抵十而非直接加大，避免大而不当。记得谭垣教授讲纪念性建筑时说过："巨大不是伟大。"

上海北美广场，正对中心的俯瞰效果考虑了雄浑线型。但下层流动人群的活动空间缺少细腻的装饰元素、精心处理的边角和巧妙的构图，应"粗中有细"。

绿地小广场　　空旷的大广场

上海北美广场大广场分格　　　　　　　　　　　粗中有细

（3）空间尺度。上海浦东某展览馆广场宽敞，视距长，铺装的块面和色彩在远眺、鸟瞰时有宏伟气派。在局部、边缘有精致的纹理花形，让就近欣赏的人可以感受到亲切感。

如果人处于地面上的一个点，过大的尺度会让人费解，和漫画《明眼人观象》一样，须考虑在不同空间的比例尺度。

远眺能体会到图案宏伟　　　　　　细部设计详尽丰富　　　　　漫画《明眼人观象》

过大的尺度让地面上的人失去亲切感

2.3.3　室内户外

内外铺装要求有所区别。室外以及半荫区是景观设计的关键部分，材料和做法都应接近天然。国外诸多宫殿，室内富丽堂皇、精雕细琢，室外则接近自然。

室外密林　　　　　内外之间　　　　　　单花纹庭院　　　　　室内空间（俄罗斯博物馆，古水彩圣经画）

有时，外材内用能产生强烈的视觉冲击，如粗犷巨石，能让人深切感知到的是其独特的质地、纹理以及宏大的尺度。天然草类和文房供草趣味不同，养护也不同。

外材内用，作为一种装饰

广袤空间中的植物和文房供草

2.4 圆弧曲直，纹理粗细——形状纹理

2.4.1 铺装形状

绿地平面形状多变，虽可称得上有特点，但也影响景观选型。即使传统园林中的古典铺装，也需选用与庭院体形相容的铺砌纹理。

小料排列最灵活　　直线宜用条形料　　方块利于交错　　混乱的"传统"纹理

2.4.2 融洽缘线

选型要虑及场地的形状和边缘，曲直转折影响材料排列、切割或缝宽，特别是模数化排列。这也反映了铺装与环境的融洽程度。

乱纹可无模数　　纹与景不协调　　不好看不易砌　　"直灶烧横材"　　小短料较适于圆弧

要避免"直灶烧横材"的尴尬。松散与整体材料对反复曲折应付自如，而条石、块料怎么铺就？选型要在实际中合乎逻辑理性。

2.4.3 纹理粗细

纹理的组织与选型也有关系。如细腻的图案常用马赛克、弹街石，分辨率较高的花草选陶瓷、涂料等。各类材料都有其特点。

细腻的花草　　弹街石（粒径100～200mm）　　马赛克（粒径10～20mm）　　碎片拼贴　　绘画

下图中的瓷砖山水画的画幅直径为1.6m，瓷砖粒宽仅15mm，距画2.5m的摄影效果很好。要表现针尖焰火，最好是现场磨石子或者机切瓷砖面。庭园用卵石表现动植物，院桥平台用块石拟日纹，几成定俗，要尊重传统习惯。

瓷砖山水画　　　　野太阳的焰火　　　　鹅卵石仙鹤　　块石拟日纹

2.4.4 纹理景观

偶见铺装板块将平行的横线与竖线设计为斜交，全部板块需切割成菱状。这种图式工程量极大，且每块为锐角，既不美观也不耐用。

广场板块切割成异形菱状（缤纷城）

绿地地坪如出现异形砌块，应将线形全部组织为图案。

图案组织　　　　　　　混乱图案

2.4.5　细节要求

纹理、质感既是景观设计追求，同时还要兼具防滑、防眩光、指引方向等实用功能。重视细节是优化生活的开端，设计要深入现场，熟悉实际。

大至国家，小至个人，注意细节是成熟的标志之一。借用画家齐白石语："画鸟虫看似不起眼，但须观察体会牢记在心，才能绘出栩栩如生的确实姿态。如蝉头大身小，多数姿态为头上身下重心方稳。停在粗硬树干上时，头偶尔朝下，也不足为奇；而柳枝细柔，蝉头向下是要掉下来的……"这里，蝉在不同树种停留时的形态都观察到了。

现代化，于景观设计而言，就是从原始粗放走向精纯细致。

纹理质感也是功能需要　　　　美化细节　　　　　　　　美化设施

2.5　基土情况，结构要求——铺装构造

2.5.1　铺装基地

景观常位于需特殊处理的基土之上。总体规划中，绿化用地常选不适于基建和耕种的坡地、废弃的工矿、污染的场所。加上景观工程本身的地形塑造挖填、地下车库、防空隧道、人造山水、立体绿化、管线埋敷等，使很多铺装处于需处理的新填非均匀覆土、基土之上。此时，宜先斟酌基础，作出结构选择，再选铺装类型。

淤泥基土（杭州江洋畈生态公园）

杭州江洋畈生态公园基土为多年淤泥，采用浮筒来支撑钢架上的木栈道，是一个明智且有创意的选择。其浮动于水面以及处于水下部分的铺装，成为极具特色的路景。

2.5.2　铺装结构

对于新填覆土而又有时限的工程，采用软质、松散和块状材料铺装，比整体制作、装饰板材贴面有利。同是石材，块料展现出更高的自由度、灵活性和柔性，即使地面有所沉降也不易显现问题且易修复，甚至可分期施工。而选择石板粘贴对地基的均匀性要求较高，对不一致的浮土非常敏感，且一旦出现问题，修复也不易。

路基崩塌　　　　　　　　　　块料面层　　　　　　　　　　石板粘贴

2.5.3　填土与水

在新土上铺装更要避免渗水、裂隙、沉降等问题。新土上应尽量避免设溪流，确需设置时，细狭、自然型较面状、几何型有利，用软质防水较硬底有利，有边较隐形有利。

填土上设水景　　　　　　　　硬底有边水景

2.5.4　透水路面

铺装与地基土质密切相关，如做海绵工程要先看土的渗透性。同时，基层也应透水，这是当前经常被忽略的问题。

2.5.5　地基下陷

对园林绿化工程的时限、选型，要尊重科学，切不可拔苗助长。网上有篇动人的小品：牛陷于泥潭怎么施救？不能下潭！先详察土质，再召群牛在潭畔踩踏，使黏土受压，此时牛已可挣扎脱身。

2.6 立面高差，表面粗细——高差层次

2.6.1 因地就势

高低起伏的地形变化，塑造出变幻的铺装立面，继而产生的台阶、坡道、栈道、滑梯等，成为确定铺装结构、表皮、色彩的根据，也须选择不同的铺装类型。峰峦叠嶂之地是当今景点规划的理想选择，其功能特性之一即在于其丰富的层次与高差变化。

高差层次即功能   高差层次即景观

2.6.2 实体高差

对待实体铺装的高差，常有三类情况。

（1）草、土、沙、花街和整体沥青路——做坡易、做阶难；即使做成了，也不易保持面貌。

做坡易   做阶难   做地形更难

（2）陶瓷、玻璃、卵石路等——做台阶时，竖面要有相应加固措施；因为竖向铺设的卵石往往易脱落，而陶瓷、玻璃、金属类材料在竖向使用时存在安全隐患。

卵石路设阶唇   卵石路平面设阶唇   竖向卵石脱落

（3）其他块料、板料和水泥路——适应能力较强，景观有层次感，材料、砌筑、费用都适中，使用广泛。

和缓阶坡　　　　　　　　旋转形台阶　　　　　　　级差景观　　　　　　有层次感

2.6.3　架空栈道

栈道比地面铺砌的建设和管护价格高3～5倍，大面积使用要斟酌。必须选用的条件：①避免干扰原地面生态；②避免影响原水系统；③基土不稳地段；④地势存在高差，须从阶、梯到栈道；⑤造景需要，如德国巴伐利亚公园，栈道在要点建圆形坡道塔，形成制高点。

上海浦东某工程在冲积滩涂建栈道，桩长50余米，其造价是地面铺砌的10余倍。不如造个浮动栈桥，真是一念之差呀。

基土有松动　　　　保持原生态　　　　地势有高差　　　　保持原水系　　观景及造景

栈道结构，传统的为木制，耐久性强的为混凝土制，结构轻巧的为钢制或钢索结构。

钢筋混凝土栈道　　　　钢梁栈道　　　　　　钢索栈道　　　　　木制栈道

栈道铺面常见的为木板；玻璃、孔网为最新的流行时尚。

叠交木板栈道

悬空玻璃栈道

悬挑混凝土板栈道

2.6.4 运动方式

如上下坡、滑行、溜水、弹跳等运动方式，会带给人更多惊险刺激的体验。

斜铺栈道

一苇过江

水上滑板

栈道远眺

2.7 天文气象，临时恒久——时间因素

"时代""时候"等时间因素，涉及铺装的选型和分期建设。

2.7.1 临时与恒久

绿地地坪的规划要考虑夜晚、节假日、平日与急救灾害等不同时候的人流变换情况。如白天用于闲话角、广场舞场地，夜晚用于停车、管理养护等。

在建工程的铺装可利用"时间差"来做功能转换。如施工便道作铺装垫层，水体取土作地形，临时建筑作实体模样，以及合理运用隔栅、管线等。

天井

走廊

实体模型竹亭

白天跳广场舞

现代的绿地建设具有明确的时间限制，要抓住重点，精心设计施工，持续补充提高，从而逐步形成"人文景观"，这是"时间因素"。

台儿庄"如来佛"　　　　　　拟仿古旧面　　　　　　卢沟桥石面

2.7.2　时代因素

我国古代的驿路和文化非常丰富，要重视保护和利用。

我国5500余年前已有土路，这应是"路"的开山先祖。1992年在浙江莫角山发掘良渚古城遗址时，发现墓穴、土坑、土埠等。牛河梁遗址发现由土和碎石组成的"天圆地方"图形，三个同心圆直径分别为11m、15.6m、22m，圆间套二方，说明中华民族那时已有阴阳、奇偶数观念。

牛河梁遗址　　　　　　　　　　　　广福林遗址公园

湖北钟祥市明显陵的规模比北京的十三陵大2～3倍。明显陵神道全长1600m，是明帝陵中唯一整体保留"龙形神道"做法的陵寝。神道中间铺砌石板，谓之"龙脊"，两侧以鹅卵石填充，谓之"龙鳞"，外边再以牙子石收束，总称为"龙形神道"。这种做法既灵活结合地形，经济美观，又合风水之道，能满足陵寝建设功能要求。

钟祥市明显陵（陈秉钊微信稿）

福建土楼多建于元朝中期，有的土楼建在潮湿的木桩基上，"千年杉万年松"，至今还有动态感觉，是旅行的打卡地。由长汀府（今龙岩市）通往漳州府的必经之路云水谣是一条千年古道，由铮亮圆滑的鹅卵石和13棵古老榕树群组成，至今犹存。

神奇土楼   土楼动态地坪   千年古道云水谣

2.7.3 顺应自然

"西北变江南""泥涂变沙滩"，类似说法不胜枚举。作为"异域"风情景观可理解，但要符合自然规律，且要考虑长远管养。

堤外泥滩，堤内沙滩

颐和园十七孔桥在每年冬至日前后，夕阳之下时会出现金光穿洞的景象，时间不长但对比强烈，给人留下深刻印象。用光线来剪切物影，不失为运用光照造景的典型。

颐和园十七孔桥金光穿洞

我国古镇多有此美景，注意这需要有开阔的"静水面"。

天体物理学家尼尔·迪格拉斯·泰森（Neil deGrasse Tyson）注意到一个独特的现象：由于美国曼哈顿街道大多呈棋盘式布局，在每年5月和7月，以及12月和1月的某几日，阳光将洒满曼哈顿所有的东西向街道。2002年，他首次提出"曼哈顿悬日"这一说法。

任何材料都会受到天文气象条件的限制。如河南某地新建的一条长2000m的大路，其盲道用PVC粘贴，天冷时盲道易脱落，致使民生工程形象陷入尴尬境地。即使在南方，这样做也不妥当，在北方更是如同"南橘北枳"。

乌镇定胜桥日景与夜景   曼哈顿悬日

2.8　绿色资源，新型产品——科技创新

2.8.1　模仿

直接用符号，如电脑键盘、字母等，以此显示"科技"元素。

电脑键盘   英文打字机键盘

2.8.2　创新

真正的创新要紧跟科技发展的进程，且符合生态和景观要求。设计和材料相互制约也相互推动。例如，20mm厚的玻化砖突破了以往陶瓷板材仅能用于室内或非车行区域的限制。

新颖塑胶材料可以做出很多时尚的步道图案，地坪成为彩色画板。在儿童乐园、健身步道、天空栈

新型20mm厚地砖   新颖塑胶材料   会发光的道路

道、口袋公园等地段，塑胶材料都是必不可少的选项。

2.8.3　生态

上海南园滨江绿地曾向市民展示绿荫停车场、水循环利用、光触媒技术、液态施肥、屋顶墙面绿化、枯枝落叶、水葫芦回收利用等节约型绿化技术，最近又针对废弃物提出"以竹代塑"。

美国废旧轮胎成灾，在废胎中填石渣筑路，效果提高2～3倍，还无燃烧污染。

轮胎筑路　　　　废胎成灾　　　　中填石渣　　　　压实路面　　　　燃烧污染

2.9　产品规格，地方建材——建材特色

2.9.1　材料优势

每种材料都具有自身优势，应按铺装情况发挥其优势，精致节点构造。右图喷水池用木平台，属选材不当，因环境干湿多变，加上圈套石阶还需排水，两种材料耐久性也不匹配。20世纪初的上海洋房，厨卫台阶使用马赛克，如今已成为一种标志性的材料语言。

 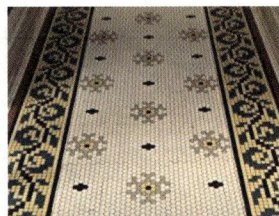

木平台使用不当　　　　1924年的上海黑石公寓

石材是历史最为悠久的自然材料。其中欧洲多用弹街石，俄罗斯多用面包石，我国则偏好使用条石。我们要有创意，勿"千街一面"。

2.9.2　地方材料

提倡就地取材，形成绿地乡情韵味。设计者选材前必须熟悉材料的市场规格、价格等，铺装一砖一瓦意在有弦外之情。下图为上海市园林设计研究总院有限公司在泉州的设计。

雁尾红砖地材特色，见到此景就知身临何境

2.9.3 传统材料

现代铺装是否需要对传统建材进行继承、在铺装过程中加以使用并开展生产呢？

（1）文保单位。修缮时保持其历史风貌，是我国的通常做法，如故宫室内用方砖，外广场用青砖。国外有用新型或仿古材料，以对比表现历史进程，如巴黎圣母院的玻璃顶。这是两种不同的理念。

故宫用方砖

巴黎圣母院玻璃顶

（2）表示传统。古为今用，意到为要，如苏州拙政园亲水地坪用的冰裂纹纹理。在现代，冰裂纹多用新材质建造，只保留冰裂组织纹理，中而新。泥瓦砌地坪、边缘，表示中式瓦片之优雅弧线即可，因瓦材并非新建材。

冰裂纹纹理

冰裂纹新做法、新材料三例

（3）仿古建筑。慎重新建仿古建筑、街区。古建施工人员有后继乏人的趋势。据统计，全国从事古建行业的人员有80%超过50岁。新材作旧料，看似彰显"传统"，实则是破坏。对现存旧栋梁、砖瓦等具有保护价值的，应充分保护、利用，并进一步拓展其价值。

大板作冰裂纹

废旧材料保护利用（娄塘）

2.9.4 保证质量

使用最广泛的人行道路面砖常采用"廉价"者，以致现今要找5年以上完整者，恐是凤毛麟角、屈指可数。我国国内建筑平均寿命为25～30年，此绝非"绿色"。

如天籁之音

无一完整者

裂缝

2.9.5 材料汇合

一个地段的铺装景观不是材料的堆积，还要考虑质地融洽和技术参数问题，如施工顺序、尺度、耐久性等。

就地取材配合好

两种材料没结合好

同料精工砌

2.10 造价控制，精益求精——工匠精神

2.10.1 规模效应

铺装具有大量性的特点，要求必须反复研究其使用要求，进行细致的比较与选择。上海规划到2040年建成长达1000km的绿道，这一长度与京沪之间的直线距离相当。德国1970年建造的巴伐利亚森林公园人行道超过了300km，可见规模效应的显著影响。

2.10.2 控制造价

经济愈发达，资源愈宝贵。景观设计方案应包含铺装造价比较，不能动辄采用钢筋混凝土。要避免以"美观"代替所有选型，以"渗透"代替所有铺装要求。常见报道：某工程千万个节点"不一相同"；地坪"百分之百"透水；低标高绿地可"排涝"，这是一种误导。

2.10.3　精益求精

"两句三年得，一吟双泪流。"应竭力潜心设计，深入现场，勿因小节功亏一篑。如上海松江方塔园堑道，严谨又美观。

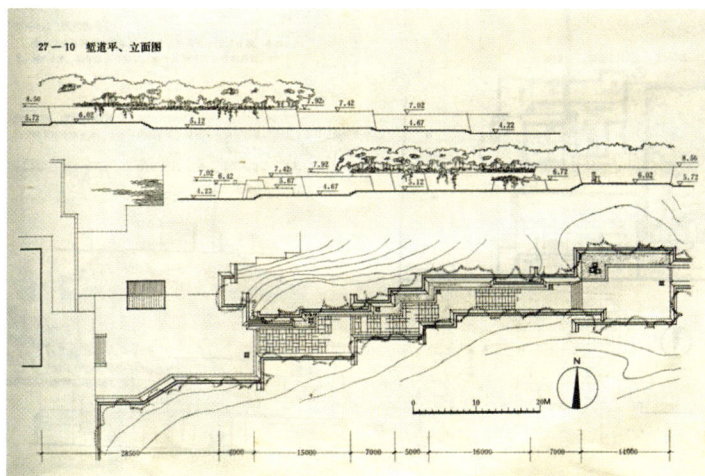

上海松江方塔园堑道部分（同济大学设计）

上海松江方塔园堑道建成景观

2.10.4　工匠精神

从个体看，景观铺装小型、多变，成败常体现在工艺水平上，卵石弹街粘贴，失之毫厘谬以千里。要提倡"工匠精神"，一丝不苟。大体上说，在有限的空间里进行细微的创造，已经越来越为群众所认可，也是城市文脉传承的一种途径。

板块与体型不合　　　竹径通幽　　　卵石粗制滥造　　　传统的转弯抹角　　现代的砌砖变角

苏州博物馆新馆的走廊用板料斜交铺砌，所经弯折、墙面踢脚都严格把握尺寸，一一对缝。虽用新材料和新技术，但饱含传统尺度，只黑白二色，造型庄重简朴，让人联想到传统厅堂的方砖。

苏州博物馆新馆的地坪铺装

2.10.5 机械施工条件

设计要与施工协同，创造出自然且符合规模化生产与施工的条件。最为广泛的人行道砖，荷兰、法国等国家用铺砖机械铺设，工时、造价都不可比拟。

人工块砌施工　　　　　　　　　　　　　　　　机械铺设

第 **3** 章
铺装的设计要点

3.1　铺装区域特点

　　随着经济快速发展，原有的公园绿地需要改善提高，大量的郊野、森林、湿地公园和城市公共建设绿地不断涌现，如何根据绿地性质和区域的特点，打造出既有特色，又生态、合理且节约的绿地，成为亟待解决的问题。

　　本节把铺装分为自然、市政与绿地三种类型，三种类型既有区别又相互联系。每种类型都离不开绿地的使用特点和铺装环境，即植物、水体、地形和本身的构造。选择铺装种类是形成铺装风格的重要根据。

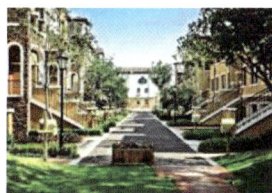

天然环境　　　　　　　乡镇道路　　　　　　　园林小路　　　　　　　市政道路

　　上海吴淞炮台湾湿地森林公园、上海共青国家森林公园、上海世纪公园的主路用沥青、块石铺砌，行人通车，生态环保，养管造价都好。富含乡土动植物群落结构的道路，才是生态良好的表现。

上海吴淞炮台湾湿地森林公园　　上海共青国家森林公园　　上海世纪公园

3.1.1　自然形式——路是人走出来的

（1）古谚和传承

我国古谚有云："道，路也；路，露也；人所践踏而露见也。""路"这个字由"足＋各"组成，所谓"千里之行，始于足下"就是这个道理。"停"由"人＋亭"组成，古代官（驿）道十里设亭，供人停下歇息。

《老子》第二十五章："道大，天大，地大，王亦大。域中有四大，而王居其一焉。人法地，地法天，天法道，道法自然。"道法自然，意为道纯任自然；道的本质、道的本来就是自然的。

鲁迅先生有文："什么是路？就是从没有路的地方践踏出来的，从只有荆棘的地方开辟出来的。"周有光先生在《拾贝集》中记载，原上海圣约翰大学在学生为了抄近路而踩踏的草地上，因势利导地铺设了石板路。

某次宴会上，有记者提问某位中央领导人："在中国，明明是人走的路，为什么要叫马路？"领导略微沉思后回答："我们走的是马克思主义道路，简称'马路'。"这一回答既化解问题，又指出发展方向。

经过几十年的奋斗，大家都认识到"路"不但是距离，更是一种经历。从另一角度看，道路成了发展经济的排头兵。

（2）实验和创作

北京林业大学叶亚昆先生在雪中记载人行足迹作为其设计的依据，这种实例不少，以卫星数据最为清晰。

雪中行人　　　　雪后景象　　　　　　　卫星记载　　　　　　　合理引导

电影《红高粱》中崎岖不平的迎亲小道，奠定了剧情的基调。穷乡僻壤攀爬的山石，经过报道后终于建设成钢梯。

电影《红高粱》剧照　　　四川凉山悬崖村村民出山（历史照片）　　　　　　抢修出的钢梯

（3）生活中的路

深山丛林中的山路，它源自人在自然环境中的自发选择。人走多了就会留下痕迹，旁逸斜出，从而形成崎岖不平、宽窄不一的山路。

天然山林中形成的便道

平地中有人走出来的羊肠小道，或者未经铺砌的鸟道捷径。它的特点在于天然，无固定边缘，经过人工干预后，雨天也可通行。

（4）"道法自然"

人走出来的路，逢坡、遇树、临水则自然转弯，没有扭捏造作，满是原始、朴素与生活创造出的美感。老子曰："道法自然。"

1870年的江西（约翰·汤姆逊 摄） 荷兰罗伯特·莫利斯天文台

上海体育大学草坪　　　　　　　　　　　　　　不同风情的捷径

人走出来的路　　　　取最直接的路　　　　　　　略显做作的路

在绿地上，由于车行受限，也会出现临时的"车走出来的路"——双轨道，并常演化为一种表面纹理，这种双轨道应属于市政形态一类。

（5）生态乡土

广袤的草原、茂密的山林有别于物种单一、养护细致的城市绿化，归属"林""农"一类。它的绿地功能更广泛，如农林、园艺、采摘、跑马、放风筝、搭帐篷等，对养护、修复、生态保护和乡土物种保育更有利。大地"乡土"实现青山绿水，有更长远的生态意义。

天然双轨道　　　　　　　　　　　　　　　人工双轨道

更有人在林中的感觉　　　　　　　　　　　　车走出来的道

3.1.2　市政形式——人车合流道路

（1）人车合流路

　　绿地以方便人行为要，需通车地段常规划人车合流道。这类路有沿用城镇道路车行道低人行道高的断面，也有利用路面扩宽、弹性断面、铺装种类变化来解决低频率合流的安全性和美观性问题。如果缺乏限制，也可能出现"车压出来的路"，破坏自然。

扩宽路面　　　　弹性断面　　　　变化铺装种类　　　　车压出来的路（内蒙古）

（2）绿地停车场

　　上海东平森林公园做到了"把车停在绿地内"，而不是"在绿地内建停车场"。所用"三杉"适合停车，边界又有公园特色。

上海东平森林公园停车场　　　　　　　　　　南京绿地停车场

（3）承载型边界

承载铺装要考虑安全性、污染问题和荷重，因此边界须明确，排水由草沟、明沟、盖板明沟汇入污水系统，与雨水分开。

3.1.3　绿地形式——路型多样

（1）绿化蹊径

在郊野、湿地、森林公园、风景区、保护区等地方，软硬质材料相互渗透，道路接触树丛花卉，羊肠小道中难分"径"和"蹊"，追求"人走出来"的趣味。

径和道有自由的边缘　　　　　　　　　　　　　　人在林中走　　　阶之软硬相互渗透

如果在农田、林间，路是生产活动走的田埂，也是下乡游览、农宿最便捷、有朝气、近生产、四通八达、别有风情的"阡陌"。

嘉北郊野公园（花海拾光）　　　　　　　　　　粉黛乱子草　　　郊野干道

地被植物巧妙地融入植被与地形中，雨水渗透，汇入草地、盲沟系统。平面随地曲直，立面氛围天然，达到雨水排、存、用的最佳状态。

（2）绿地道路

在城镇文化公园、口袋公园、广场、庭院、专属绿地等地方，认真分析次道、路、栏的断面、边缘、排水等，一般路径两侧虽无须对称，但有明确边缘。竖侧缘石高度可变化，低至10cm左右，或砌矮墙；平侧缘石多为自然石，必要时加低栏。常用开口明沟、盖板明沟、汇水暗管排水。

在城镇专业绿地公园、中心广场，线路的曲直、广场的风貌常取决于园区整体规划。雨水盖板可升华为景观化的钢栅或缝隙，但位置宜隐蔽。

除上述之外，径、道、广场有天然和规则几种做法和趣味，涉及风貌、生态、弹性、构造、布局，须深入现场实际，以小见大，让铺装回归，融入大地。

双侧高石矮墙　　　　低竖侧石明沟　　　　平侧石低栏杆　　　　平侧石低绿篱

城市绿地广场　　　　　　　　　　　　　　曲直见规划

3.2　形状与边缘

形状与边缘指铺装的整体形状和外轮廓线。这既与用地差异相关，又体现出绿化地位、构造、排水方式的不同，也常是一种园林风格的体现。有关铺装面本体的图案，另文叙述。

3.2.1　与环境协调

此处指与前节铺装的形态相协调、呼应。

（1）自由渗透

绿地和乡镇径道的边界宜自然交错，形成一种天然的交叉与渗透，且节省工料，此为郊野、森林、湿地绿地、风景区的特点之一。

原始的荒芜　　　　　　交叉与交错　　　　　　村镇的土路

但自由边缘不是放任随意，而是更精心地设计，意在升华景色。这种山路小径的雨水多渗透至草沟，避免出现人工痕迹。

绿色沙砾路　　　　　　无缘卵砾路　　渗透石材边　　树林中的小径　　崎岖山路

（2）整齐划一

城镇绿地和市政铺装边缘多整齐划一。有的是排水沟管砌筑，有的是缘石、矮墙、装饰等，形成一种规整统一的景观。

边缘整齐划一　　　　　古典风格水沟　　　　料石的边缘（湾谷科技园）

（3）对比设计

重在意境。偶见一条蹊径边缘左右用两种不同做法，多是因环境不对称的要求，如有绿植地被、缓坡地形在不规整边，因势利导。

排列不同　　　　　　　硬刚软柔　　　　　一径两边　　　　左右皆折

3.2.2　随意的径缘

（1）顺应自然

多数铺装会受环境所限，如岩石、树木、高差、湿地等。这时不必大动干戈，尽可能顺应自然，也可人工仿造。

岩石地貌的限制　　　　　　顺应自然　　　　　　　　人工的山石堆砌

（2）亲近自然

一条木栈道，有意地选择走向和标高，让山石、林木自由渗透，是爱惜山河草木的表现。因情生景，自然生态又具情韵。

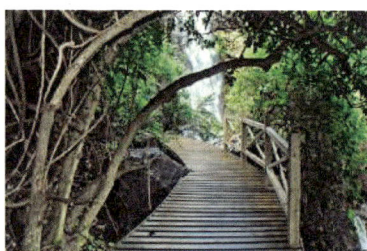

两边不同　　　　　高低自如　　　　融为一体　　　　随境生景　　　　缺少来往

3.2.3　边界感

（1）铺装的边缘

铺装的边缘没有关联，好似一刀两断，缺少感情。要认识到边界塑造了铺装块面的形态，这是一种姿态，代表人在绿地中活动的范围。

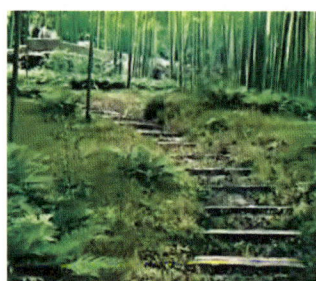

一刀两断　　　　　　　　四面延伸　　　　　　　　融为一体

（2）尺度渐变

德国哲学家叔本华说："人就像寒冬里的刺猬，相互靠得太近，会感到刺痛；彼此离得太远，又会感觉寒冷。"铺装上同样如此。人与人之间有公共、社交、个人、亲密四种距离。本书说的是人与物之间的关系，同样存在着"境"与"情"的交融，要避免生硬造作，又不影响植物配置。

尺度渐变的树枝状挫边   有主有次

（3）线面交织

现代建设，细的线可组织为一个有裂隙的面，宽的线本身就是一个面，当然有时线与面难分伯仲，边界决定了这个面的形状。如果这线是阡陌蹊径，用文学语言来描绘，可以说羊肠小道，或纵横交错，或蜿蜒曲折。

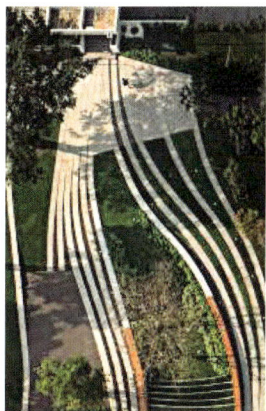  

裂隙组成面   线与面相当   粗线就是面

3.2.4　装饰的边缘

（1）功能

精致的卵石，增强了边界感，还要考虑使用效果。如块料、整体路面居中便利行走，居边则可加强边界的结构。

（2）宽狭

"宽狭"表示铺面的"融入"或"确定"，但不能宽大无边。巧妙选材，形成与柱础池壁的质感和尺度对比，也是一种设计手段。

块料砌路缘   卵石贴路缘

块料路宽缘：确定　　　　板料路狭缘：融入　　　　宽大无边：过分　　　　选择对比镶边材料

（3）饰边

有时镶边发展为边缘的装饰图案，如同衣饰的"花边"一样引人注目，还带有"提醒"边界和"模糊"水沟的作用。

提醒（日月潭）　　　　　边缘的装饰图案　　　　　　　　　　　　自然地掩饰

（4）地位

重要的部位要画龙点睛，注意见好就收。

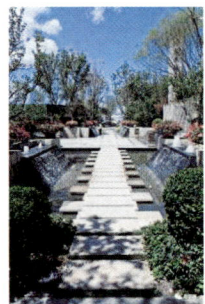

重要的部位　　　　　　　　　重要的石线　　　　　　　　重要的边缘

（5）石边

很多材料边缘留有斧凿刀痕。同样的石料，在不同环境要求下用不同的纹理、材质、砌边，匠心独运，融入乡情。

石板面有缘　　　　乱石纹留边　　　　椭圆的纹理

3.2.5 纹理与外形

纹理与外形构成表面形状的外缘,是内在纹理的余脉。

(1)冰裂纹

乱形纹理铺装有有缘、无缘的区别。其中,板缘和表面纹理结合,看似随意,实则内外纹理兼顾,乃呕心沥血之作。少量雨水可向两侧渗透排放,雨水较多时可排入设在绿丛中的汇水沟,避免出现人工痕迹。

有缘的乱形板块　　　　无缘的乱形板块　　　　内外结合:数块一折和多块一折　　内外纹理创作结合

(2)条石留尾

条石留尾成多边形,有的参差交错,有的整齐凹凸,借此可创造出很多非凡的图形。要知灵感来自生活,来自现场和实际。

条石参差(原始)　　　　　　　　　　　　条石参差(设计)

条石的边缘也有十分夸张的,这种交错状态是一种象征,暗喻材料的开采、风化过程。交错的程度各有不同,使用功能已退而求其次,仅是一种视觉的导引。其排水设计同"(1)冰裂纹"。

整齐中有变化　　　　条石整齐凹凸　　　　条石长短不等　　　　条石"分道扬镳"

（3）图案形

根据表面图形设定边缘，曲直硬软都各得其所。下图边缘有松散材料纹理，有横线凹凸，有异色直线，按材料特点设计。

松散边缘　　　　　　　曲线边缘　　　　　　　直线边缘　　　　　　　小折线边缘

有时边缘是表面形状的一部分，如圆形、弧形，即遵循表面的图和形。下图为苏州博物馆新馆庭院硬质块料、松散材料与竹林绿地的交互关系。

苏州博物馆新馆庭院　　　　　　　　　　　　　　弧形边缘　　　　圆形边缘（海南）

（4）边与形

铺装表面为规整几何图案，需要有完整的边与之配合。此时缺少边缘或比例不当的边缘就会因失去完整性而失调。块面转折线也可界定双向图案的交叉区域。

图案缺少完整性　　　　图案比例不当　　　　　块面转折中间缘

六边形无边缘修饰可减少边角料。相反，规整的边缘能够调和表面杂乱图案。

减少边角料　　　　　　　　　　缓和乱形图　　　乱形边重叠

（5）延伸

延伸是指铺装部分向外延展并与自然相交会，构成一种逐渐消隐的图案，关键是为环境所接受。隔而不断，剪而不绝。边缘处的其他材料或松散材料可掩饰水沟。

垫层入草　　　　缝隙入草　　　　一分为二　　　　渐变的效果

（6）凹凸

凹凸指铺装的边界呈有规律的起伏凹凸形态，用在短促、弯折之处易与环境相互交融，其中最有趣味的是渐变的效果。

图案加交错　　　　板块加交错　　　　三角加交错　　　　街道偶见（英国）

（7）简繁

平面的变化，反映在边缘的巧妙处理上，形成一种景观风格：简洁而绝对与繁复而满布，直至整个平面，正是"大道无形，奢华内敛"。

简洁又绝对的平面　　　　　　　　　　　　　　　繁复但满布　　尖锐但不入内

（8）环境

铺装按环境的疏密而变化。铺装、边缘同料但空间不同。

开敞　　　　　稀疏　　　　　密闭　　　　　微坡

（9）立体

立体层次通过特殊设计的交叠沿石把边缘转化为"景"，有圆直、圆折、波浪等，当然也有崇尚简洁的高差边缘，海纳百川。

立面边缘的层层叠叠

立体层次的另外一个含义是"上下"顾盼，随境生景，甚至径同形异。

（10）重复

边缘要有创意，避免产生烦琐碎片的感觉。

上下顾盼　　　　　　　　　随境生景（廊的两种径缘）

重复的边缘　　　　　延伸不和谐　　　　多材料产生碎片感

3.3　铺装面雨水排泄

3.3.1　雨水的排泄

地形、植栽、铺装、水处理多专业配合，才能形成雨水渗储排泄利用系统，如海绵般吸纳吐纳、朴实自然。一个区域、地段的水处理常是几种方式的组合，要依据当地气候、地质、植被、工程条件等要素来考虑。雨水的数据要求见附录8。

在各项预算中，"水"大约占了1/10，绝对数甚大，明沟用地占总用地的1/100。各种排水方式不仅自身造价悬殊，而且在占地、环保、生态等方面所产生的经济效益以及绿地景观等方面的影响均不可忽视。

我国在20世纪50年代提出的农业"八字宪法"中，已提到土、水、肥等内容。一些国家也非常重视雨水回收利用。如，以色列禁止用自来水冲洗马路、浇绿地等，取而代之的是雨水或经过处理的再生水；德国修建大量雨水池用于截流、处理及利用雨水，削减雨水的地面径流，降低城市洪涝危险。

3.3.2　六种雨水排泄方式

绿地铺装的雨水排泄可概括为六种方式，数据要求见附录8。

（1）地面渗透

绿地中的雨水多数会自然入渗，因此绿地的地形塑造和植栽布置，除了造型美观，更应考虑有利于雨水的吸收、渗透、排泄和利用。

（2）汇水草沟

来不及入渗的雨水，自然汇集形成泄水沟渠，宛如天开，并无定式。草沟纵坡依地形沿途曲折亲疏，

天然泉溪　　　汇成沟渠　　　有渗有流　　　有流有存　　　林地有坡

无雨时融入自然植被之中，偶见潭穴储水。设计中宜尽量减少人工痕迹，在实施中土沟常被草沟替代，以利保持和观瞻。

依地形曲折　　　沿途有亲有疏　　　沟顶低于路缘　　　水顺地形汇集

（3）开口明沟

当集水量大、流速快，产生水土冲刷时，应构造明沟汇水。明沟收集铺装区域及绿地的雨水，受地形限制，与山丘关系密切。

石砌浅沟　　　石砌深沟　　　砖砌狭沟　　　沟面填散料（汇水）　　　山地多坡沟

弹街石明沟缘渠一致，渗透性优，人车使用都安全，施工采料都方便，常用在风景区和郊野绿地，简朴无华。

砂石路弹石U形沟　　　弹街石V形沟　　　沥青弹街石明沟　　　块石路U形沟

（4）盖板明沟

在人、车流较多的地方，为保证便利、安全，在明沟上盖板。沟常用混凝土、砖石砌造，多为矩形或U形，内壁以水泥砂浆粉光。一般宽度为0.25～0.35m，深浅取决于纵坡，起点深0.4～0.5m。

混凝土路沿石盖板表面微凹，留缝可美化，在车行道上需耐压。日本混凝土路沿石盖板采用钢材作为外框包边。

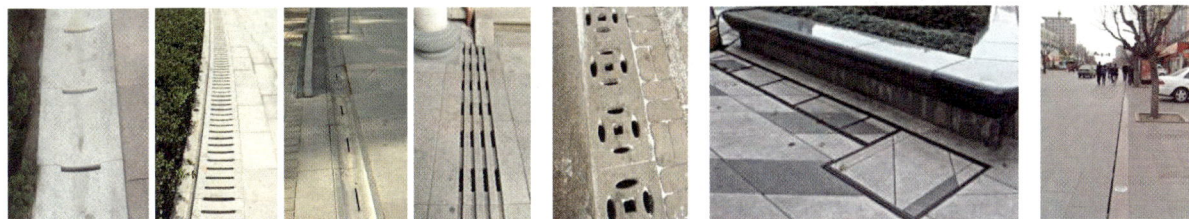

混凝土路沿石盖板　　　　　　　　　　传统美观型　外框钢材　　　　　　缝隙型

车行道用金属类盖板，比较美观和节地，但成本也较高。不锈钢制品包含缝隙型都有定型产品，需按地面荷载和流量选用。

金属类盖板（宽狭）　　夏威夷维基海滩　夏威夷市政厅　迪士尼古典花纹　中国香港海洋公园盖板
　　　　　　　　　　　　盖板　　　　　　S形盖板　　　　盖板

（5）汇水暗管

在城镇和公园风景区有高差的人行道和车行道干道，常用竖平侧石或定型混凝土侧石汇水，采用暗管排水，尽量减少排水设施开口面。暗管排水的两头为进水口和窨井，须注意隐蔽美观，与明沟不同。末端与城市排水管网连接。

道路侧石具有汇水作用　　　　　配合路面的弧形、U形、倒U形等汇水浅沟（常用）

（6）盲沟排水

地表找坡汇水，地下管网排水。需及时排水和降低地下水位，草坪、足球场、高尔夫球场等场所涉及渗透、沉淀及利用等要求。

表面无排水设施　　　　　　类似渗透管　　　　　　沉淀过滤池

3.3.3　方式分析

地面渗透、汇水草沟宜用于自然形态绿地；开口明沟宜用于郊镇园林，也适用于起伏地形；盖板明沟广泛用于城市园林；汇水暗管用于市政、广场等。盲沟排水按实际环境选用，如球场、宫殿。一座园林、绿地往往是多种类型的组合，要配合各专业深入探讨。

北京故宫护城河增加了宫城的美观性和防御功能，还有排水调蓄功能。即使出现极大暴雨，降雨量达225mm/d，在河水不外排的情况下，只使河水水位升高约1m，并不致涝。

3.3.4　各区域不同

我国的主要河流有1500多条（流域面积超过1000km²），古城镇多依水而居。上海全市有河道46390条，湖泊51个，小微水体43257个。河川地貌间距二三百米有水面，约占陆地的12%。各地情况不同，不能统一标准和做法。"景观"也不能代替其他专业，如使用透水砖，垫层夯实到92%以上，加上四面的封堵，基本上已不透水。

3.3.5　要美观自然

（1）节点美化

各类防跌、防窃、防蚊虫窨井盖、路障、减速带、路缘石都有现货供应。所有暴露设备要既实用又好看。

    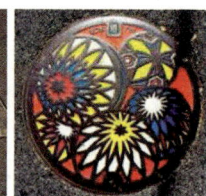

各类防跌、防窃、防蚊虫窨井盖

景观设计中的平面铺装

（2）瑕不掩瑜

铺装区域的雨水处置与绿地类型、地形管线、铺装图案相互脱离，不排水也不渗透，这是目前存在的主要问题。铺装设施在细节方面存在不妥之处，其中以石质进水口盖板的问题最为突出。以下将进行详细分述说明。

① 选择类型错误。

因选择错误的排水类型而发生事故

② 汇水点标高错误。

进水口因标高失去汇水作用

③ 进水口位置错误。

因选错进水口位置而使其失去作用，甚至设在台阶平台或阶外

④ 暗管明用。

宜用暗管，尤其在道路交叉处、大门、座椅等重要部位

⑤ 喧宾夺主。

铺装管线没有配合建筑、广场和节点构造

⑥ 工种配合错误。

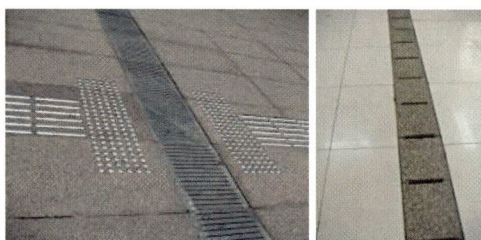

铺装管线没有配合地物和图案

⑦ 负载要求未满足。

管线没有配合铺装使用，尤其是车载振动

⑧ 绿地汇水失去地形支持，不美观也不起作用。

汇水失去地形支持

3.3.6　要敬畏自然

为了应对100年及50年一遇的洪水，避免"雨涝"，要做到如下方面：

① 构建区域水利防洪系统，从源头控制径流；

② 确保城市及绿地排水系统完善，制定并落实应对暴雨的措施；

③ 雨水处理得当，可消纳近70%的小中雨水，促进水文循环；

④ 铺装透水包含土壤、断面、坡度等，并非单"透"工程；

⑤ 加强规划、水利、市政、园林等专业协同合作。

3.4　周围的动植物

与路最接近的是行道树，其次是地被和灌木。

3.4.1　行道树种植形式

（1）路在林中

路绕着树林穿梭前进，甚至把树留在路当中。提示先有树、后有路，空间分布和植物品种都求自然活泼，"行道树"看无实有。

路在林中　　　　　　　　　　　先有树、后有路　　　　　　　　胶州市植物园

胶州市植物园占地约7000m²的芳香园在建设过程中没砍一棵树，栽植了50多种月季，实现了路与树共存。其建设和维护过程中产生的泥结土路材料，经处理后还可在农业中使用。

杭州国家版本馆背靠小山陵，一草一木都要保护。主设计师王澍曾说："这些山石、树木是先在的，我们是后来的，要尊重它们。"

（2）自由自在

树有路距、分叉要求，行距、规格，甚至品种应只求协调。城镇专业绿地、公园、公共绿地常如此布置行道树。

（3）规则整齐

行道树排列整齐，组织清晰，从稀疏到密集，密密麻麻形成"树阵"。树沿着路栽种，是市政道路的延伸。

单边覆盖（虹桥宾馆）　不一致但协调　　冬季更明显　　不一致但天然

先有路、后种树　　　　　　　　　　　有雄浑的气势　　以色列城市的行道树

（4）市政道路

　　整齐的行道树是市政道路的一部分，组织清晰、空间整齐，形成"树阵"。路是主体，树跟着路走。行道树树穴的支撑和盖板是城市中兼顾交通通行和树木种植需要的铺装设施，这与公园主路并不相同。上海有这样的比喻：街道少了一棵行道树，就像人掉落一颗门牙。

城市规整的行道树　　　　　　　　　　　　规整的绿地

3.4.2　软硬结合

　　单纯考虑人流量容易形成"大树广场"；单纯密植地被虽有高覆盖率，但不易疏散人流和养管，广场须软硬兼施。从空间上说，有疏密才能既不空荡又不繁缛，从而适宜群体活动。

3.4.3　珍爱大树

　　陕西岐山周公庙门口有三棵古树（两株唐柏距今1300年，一株汉槐距今1700年），象征周三公（周

树穴栽植（俄罗斯）　　　满铺甲板（海南）　　　　　上下需结合　　　　　　软硬需结合

公、召公、太公）。绕树一周如读千年历史，有"夏日照唐柏，南风动汉槐"的意境。我国台湾阿里山则是珍爱老树，不舍其腐朽而留皮。大树代表生态系统的优越，是文化沉淀，也是历史遗产。

美国红木林国家公园在2006年发现了一棵116m高的北美红杉，被命名为"亥伯龙神"——希腊神话中十二提坦神之一，本意为"穿高空者"。还有条公路从红杉树干中穿过，独立成景，至今不衰。

筑路建桥要有生态观念，园林设计者要有市政工程知识的熏陶，以此为据创造让人心动的特色景观道路。

数人合围巨树　　　　公路穿树干　　　树干中有径　　　树干中有阶　　　树老皮存（阿里山）　树屋

3.4.4　地被树丛

地被树丛是形成多层次空间的重要因素。

封闭景观　　　　　　　有封有开（近）　　　　有封有开（远）　　　　开透

（1）草坪边缘

草坪边缘呈现三种形态：自然式、整齐式、交错式。其边缘有的是自然构造形式，有的是修养剪切形成，对改善园林铺装面与周边大地的过渡衔接有很大帮助。

（2）树木边缘

乔木从树冠的上立面外形到树穴的下平面区域，对种植的要求都不同。

整齐平缘　　　　　　整齐高缘　　　　　　边缘修剪痕迹　　　　　　入侵可见

控制乔木边　　　　　　　高耸随意与低平规则

3.4.5　动物群落

（1）习俗

小动物常被人当成情感的寄托对象。我国自古便有养宠物的习俗；美国历史上的总统大多数都养狗，狗死了极哀叹；英国老妪倚窗饲养天鹅成为当地一景。

   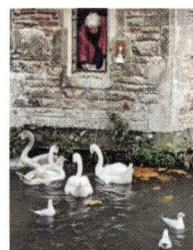

公园树上的鸟笼　　　　曾经繁荣的鸟市场　　　儿童在路边喂鸽子　　　英国老妪喂天鹅

（2）生态

20世纪50年代，上海市区公园内有刺猬、黄鼠狼、野鸽子，天空有老鹰，现在只能偶见流浪猫、狗和麻雀等。随着生态环境的改善，宝钢绿地出现了狐狸，江湾出现了小灵猫。上海大部分市区公园禁带宠物入内，园方为配合园景，常饲养鱼、龟、鸽、松鼠等。日本三洋电机厂区养有几千条鲤鱼，以此彰显生产过程环保做得到位。

沟渠养鱼　　游禽　　　　松鼠　　　　流浪猫、狗　　　生态鱼
（日本）

（3）象征

友善的动物也是生态景观的一部分。我国人民早已把动物元素融入生活中，有许多动物图案的铺装，如优雅娴静的鹿、寓意吉祥的蝙蝠、象征长寿的龟等。实际生活中，鹅群的活动、攀岩而上的羊、骑在马上眺望都可成景。动物雕塑也可作为沿途景观。

    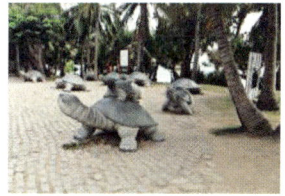

活的山雕　　马上眺望　　增色之雁　　　　猴子拦路　　　　龟猴雕塑

3.4.6 动物活动

以下与动物有关的活动，要有预先的地坪计划。

（1）法国巴黎

在巴黎喧嚣的城市中，斜坡草坪应如何养护？铲草机开不上去，人力贵且危险，加上禁用除草剂。法国人浪漫，让羊群来吃草，生态环保又诞生了田园风光。

巴黎城坡上吃草的羊　　　　　海马之床（美国）　　　　有趣的龟　　墙上的熊

（2）西班牙马德里

一年一度的马德里牧羊节源于家畜季节性迁徙，羊群从马德里市区穿过，持续时间可长达5h。牧羊人在前，中间是挂铃铛的羊群，后面是清洁工。马德里政府从1994年起恢复了这项具有700多年历史的

活动，并通过立法等方式对其进行保护。这让人在"斗牛"之外，关注西班牙畜牧业人与自然之间的和谐关系。更有趣的是，法国、西班牙等国的示威游行，牛羊群经常作为不可缺少的排头兵！

马德里牧羊节盛况

3.4.7　动物通道

设计动物过路通道、驾车时为动物让行已成为世人共识。如德国高速路动物通道、澳大利亚圣诞岛红螃蟹通道，以及我国青岛滨海观鸥栈道。为了动物的繁殖，大坝中甚至设有鱼梯。

澳大利亚公路标识　　　　　德国动物通道　　　　　青岛滨海观鸥栈道

红螃蟹通道　　　　　警察与猫　　　　　大坝中的鱼梯

3.5 唇齿相依的地形

本节讨论铺装中的竖向变化以及由此形成的起伏地貌。规划设计前，应先详细研究所在地的地形地貌，而后进行构思，即传统绘画中的"意在笔先"。

3.5.1 大地风景

径寄生于大地，路景彼此交融，要珍惜大地的一草一木，进行更多的推敲。路的设计应尽量利用地形地貌，营造峰回路转、曲径通幽、路柳墙花、另辟蹊径的情境。

巅峰之间　　　　　　　　　　　夹谷之中　　　架栈设桥　　　依丘设墙

3.5.2 多层次铺装

一般而言，铺装分三个层次，都源自天然，而后又有发展。

1. 下沉式铺装

从对人视觉的影响角度来看，立面的影响大于平面。多层次、多种类的铺装平面比单一的铺装平面更亲天近地，包含更多功能。它类似于建筑的共享空间，容易孕育地方的"温度"。

闻名遐迩的纽约第五大道的洛克菲勒广场，地面是下沉的，周围各国旗帜是突出的，上下交叉有序，据说这些旗帜的设置获得了联合国的许可。我国有多座佛像争高，高可吸睛但易孤独。偶见一座"落地成佛"者，仰望之间，更接近上"天"，平视也亲"民"，不劳民伤财，这是文化底蕴的差距。

洛克菲勒广场　　　　　　"落地成佛"　　　　　　　　　　　　高而孤

2. 梯田式地形

（1）梯田景观

我国著名的元阳哈尼梯田，线形清晰可供设计借鉴。构成地形变化之挡土矮墙，分级作多层次台地，俯视之下，梯田宛如山水画卷般自然天成，仰视又像建筑之退层，引人入胜。

哈尼梯田（多线）

梯田（修整）

梯田（多彩）

山坡上开垦梯田便于灌溉，还可改造为用于蓄洪的沟渠。这种传承数百年的灌溉与水利系统，在印尼巴厘岛被称为"苏巴克"，它融合了当地人的宗教和哲学信仰。

梯田（多坡）

巴厘岛德格拉朗梯田

（2）人工台地

风景园林中的台地景观源自天然却又高于天然。人工台地并无定法，有创意，有天然，如巴厘岛某酒店，虽由人作，宛若自然。

设计的台地景观（巴厘岛某酒店）

但是，人工梯田处理不当则会出现冲刷、坍塌、土薄等问题。

景观设计中的平面铺装

梯田的层次和田埂   人工开发的景观梯田

除上述人工台地外，还有露天煤矿、石料开采等留下的台地景观可以利用。上海佘山利用石料开采留下的深坑建设酒店，取得实效，值得借鉴。

抚顺露天煤矿   上海佘山天坑酒店

（3）台地景观

台地景观大多较为规整。有把曲线演绎为直线、折线，并加入各类小品、雕塑、座凳等，尽显变化之妙。不同的层叠形成铺装空间的坡度变化。

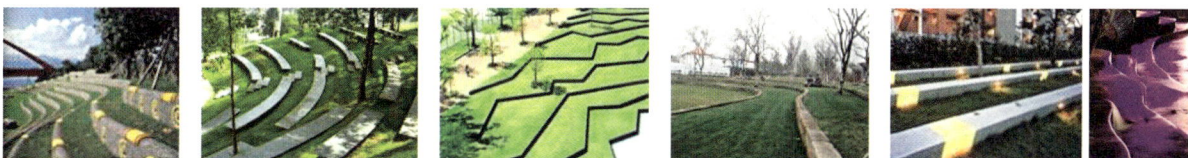

曲线台地   直线台地   折线台地   雕塑台地   照明台地

3. 天空步道

我国的旅游栈道因具备组织交通的功能，建造之势如雨后春笋。

据《环球时报》报道，我国台湾地区为吸引旅游客源，竞相建造"天空步道"，彼此间比高、比长、比新意。

"天空步道"不仅要创造惊险刺激，更要注重与地势、林木融合，逐树选点，定位定高，反复研究。在惊险之中，引导人们深入自然、尊重生态，逐渐回归栈道最初保护天然植被的本意，减少对生态的干扰。

栈道构成的景观

栈道本意为促进交通，保护林地

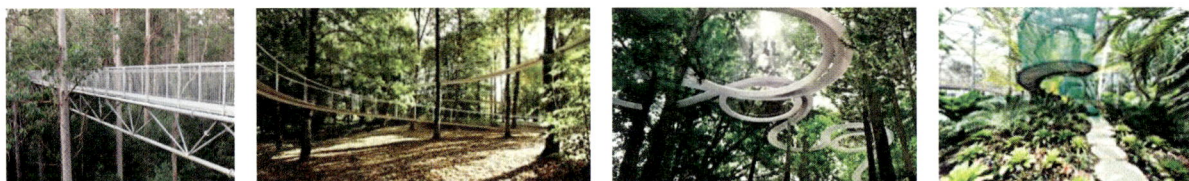

直入茂林　　　　上下穿梭　　　　行云流水　　　　盘旋而上

3.5.3　地形的塑造

上海的人造小丘陵其高度常控制在4～5m，可按景观要求堆砌，如再高需考虑地基承载力。植物种植区域在地下车库顶板上的，其有效覆土厚度平均为1.5m；景观堆坡超重时可用陶粒、EPX、XPS等轻质材料填充。选地时应注意四周没有深沟、河川、地下工程和墓穴等情况。

1. 塑造地形的意义

以排水为目的的草地坡度以1%～3%为下限，种植乔木的坡度上限为30%，草地坡度的上限为45%。因此，绿地坡度应在1%～30%之间变化，常用的坡度为3%～30%。若坡度低于1%，容易出现积水导致植物腐烂；而坡度若超过30%，则土地利用率不高。

用以分隔空间、塑造迂回曲折景观的自然地形，其高在1.2～1.8m，加上种植设计能产生空间感，表现低丘陵地貌的特色，不需追求表面绝对高度。自然界中，这种地形或许只能算作"丘"或"陵"，但是通过写意手法塑造的生态环境，也能崎岖不平、迂回有趣，同时有了铺装的竖向基础。

分隔空间创造迂回曲折景观

2. 塑造地形的目的

塑造人工地形的目的是多方面的。

① 创造总体规划所需要的地形地貌，表达一定规划意图；

② 改良工程技术条件，如地表平整、有坡排水、有阶登高、基土处理、管线标高等；

③ 配合各类建筑，土生建筑如窑洞，绿色建筑如屋顶花园等；

④ 配合多项设备，如儿童滑板、竞技跑车、健体攀爬等；

⑤ 改善种植条件，如南方避涝、北方避旱，各地区对植物的生存要求不同，特殊空间的种植条件不同，都需创造立地条件；

⑥ 特殊情况，如阻挡车、火、盗以及防坦克最快捷的办法是挖沟。

同济大学冯纪忠教授设计的松江方塔园，打造了一段堑道景观。当时有人不理解，为什么堆了土又留下一条沟来？实际上这是堆土和砌筑魅力的充分结合和利用，今天看来是非常成功的空间塑造。

雪后凝脂　　日式山水　　　　　构造空间（川北公园）　　　　　　　　　形成堑道（方塔园）

3. 塑造地形的要点

（1）注重坡向的景观效果

景物位置的高低，离不开俗称"地势"的烘托对比。计成说"俗则屏之，嘉则收之"。著名的梵蒂冈圣彼得广场之所以能成为视线中心，与其微倾地形息息相关，站在广场外环廊处即可感受到。

（2）符合当地的地形地貌

必须深入现场因势利导，不能闭门造车以虚代实。除土方的挖、填、运等工程量外，尚有生态保护、原景物利用以及填土上种植、小品呈现效果等方面需要考量，并且要保障后期造型质量，特别是几何规则形体方面的质量把控。

（3）配合景观的详图布置

铺装竖向要有坡度坡向表示，并考虑因此形成的排水系统，不应把这项工作交给施工方现场解决。

挖方、填方之外，第三项是搬运土方，就地平衡可节约不少成本。

4. 台阶

当铺装的坡度大于18%时，应设台阶，台阶步数不应少于2级。市政地坪常有一级高差，但并非台阶，也不允许设置孤立的侧石。

大型台阶本身可以成景。海南三亚有座梯形石阶，平面加剧了立面的变化，产生深邃的透视效果。这是藏在深闺的罗马"朱庇特神庙"。

特殊造型的台阶并非直线平面形

海南三亚的大型梯形石阶

式，尤其是圆弧或三向台阶，其两条垂带合并构成斜面，成为地坪高差变化中一种非常有趣的等腰或非等腰三角形景观。如都江堰入口南桥的弧形台阶。

都江堰入口南桥的弧形台阶

5. 缓坡

淮安金湖水上森林公园入口没有台阶，所有高差都以坡道表现出来。前看大门高耸，后看花坛深远，极为简洁大气。值得称道的是，铺装的排列、色彩都非常配合入口建筑，块面组织细腻。

向前看大门　　　　　　从大门向后看　　　　　　转弯的纹理

我国传统江南园林，总体高差虽不大，但对起伏地形非常敏感，不会轻易放过一个亲水和俯瞰的地方。

廊架有左右曲折，还朝上下俯卧

南京中山陵建于山坡上，中轴线上依次分布着博爱坊、墓道、陵门、碑亭、大平台、祭堂、墓室。坡度随阶梯逐渐加大，视角随之变化。从博爱坊仰望祭堂，仰角9°，从碑亭仰望祭堂，仰角达19°。从大平台回首俯视，不见石阶，只见阶间平台。

景观设计中的平面铺装

南京中山陵　　　　　　音乐台　　　　　　仰望祭堂　　　　　　从祭堂回首俯视

6. 阶坡

阶坡处于阶和坡之间，详见拙著《景观设计中的垂直交通——阶、坡、梯》一书。

3.5.4　坡向的地貌

1. 微坡向

在排水坡上，配合纹理塑造之竖向变化，或有

小型虹桥　　　　　　大型虹桥

意利用排水坡向夸大、升华亲水感。以极大心思、微小代价创造的地貌，暂称"微坡向"。这种微景观与一马平川的纯平面纹理有天壤之别，如油画平面的凹凸挂彩，立体感、造型感十足。

自然环境协调　　　　　　　　　　　地面纹理微起伏配合　　　　　　形成蜿蜒之流水

当然有时也会反过来，以水平面来衬托地势之内向倾斜。

砌造地面纹理　　砌造地坪图案　　以水平来显示地面坡向

在以软质材料为主的铺装中，微起伏的变坡设计非常亲切可爱。面上或点或线，更可视为坡向的强调和点拨。铺在优质水体的下方，还有一种亲切感。

軟景微起伏点面　　　　　　　　軟景微起伏线　　　　　　　　水中微起伏线

坡向景观有时会以斜向平面、扭面的形式出现。这是近水挡驳岸墙考虑景观效果时常用的做法。非方正小斜坡上做硬质铺面很容易形成"扭面"纹理。

斜坡微凹平面　　　　　斜坡微凸平面　　　　　斜向微扭平面　　　　斜向扭转平面

2. 旱溪池

旱溪池有两种，一种是沙砾仿旱溪池，稍低于地面，似潭；另一种是地被仿旱溪池，有稍高于地面者，如丘。各有所用，意境不同。

象征水潭（凹低）　象征山丘（微凸）　沙砾旱溪池中的绿丘

3. 顽石景

我国城市与园林中的独立自然石景甚多。在城市繁华喧嚣的环境中，点顽石一二能让人浮想联翩、流连忘返。

日本庭院石景名目繁多，《山水图》中有名石48种，《梦窗流治庭》中有名石105种，可以看出日本历史上有过强烈的石神崇拜心理。但多见的是土石、组石，少有我国石块垒叠的假山。

点铭石　　　　　　灯笼石　　　　　　塑像石　　　　　　流水石　　　　　　起伏石品

4. 树木穴

有时起坡的树木种植穴，可以衬托植物，也似此起彼伏变化的大地面貌。有时缓坡入水，与水交界，半隐半现。有时形成地坪中上凸下凹的微差地被。同时，对移种植物生长极为有利。

起坡造就了空间   大地起坡的种植穴   装饰配合起坡   铺装配合起坡

城市种植乔木的树穴盖板中，可以见到上升为几何体、锥形的小弧度微地形。这是打破树穴局限的小景，对防踩踏和防烂根都极为有利。

正方形的树木盖板   锥形的小弧度微地形

5. 花坛

各种各样的立体花坛，有保持花钵形体的，有体形扁平层层叠叠的，有双肩坡的，成为地坪立体化设计的创意点。

独立成坛   层层重叠的花坛   片形重叠的花坛   双肩坡花坛

整体而言，局部配合地貌景观小品，营造出一种由下而上、由平面向立体过渡，将平立面有机统一起来的铺砌小景点。虽属旁枝末节，却小中见大、动人心弦，如上海杨浦区嫩江路街头绿地所作的"小起伏"景观。

在这一类型中还有很多巧夺天工的变化。如独立倾斜成点、组成景观群、起伏的一面与绿地平缓结合为一体，以此减少硬铺装的体积感。

上海嫩江路几何体微地形

几何形体（对向）　　几何形体（同向）　　圆弧形体（竖向）　　圆弧形体（平面）　　硬景形体（侧面）

6. 座凳点

国外也有相似的作品，体型稍大并与凳、灯结合。这种几何图形的起伏优于点缀，甚为呼应现代城市环境的面貌。

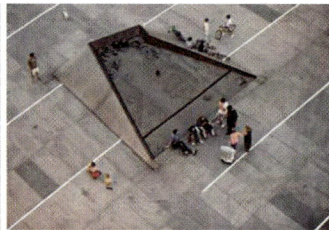

广场散布小起伏　　　　　　　　　　　　　　　　　　　　　　与凳结合的小起伏

座凳小景在这里也成为一种契机。这种有观赏效果的休憩，沉于草丛中，深入地下，真有接"地气"的感觉。

座凳与小景的点缀

3.5.5 几何体型地形

1. 点状的起伏

较大的点，造型仿自然，在平面中甚为引人注目，这是变形山丘地貌的一种写意，尽量简洁，减少几何形的突兀，也会让人联想到传统的堆土造型。如我国台湾地区台北市的马场町刑场，吴石烈士在此牺牲，造型寓意坟墓；又如安藤忠雄设计的韩国SAN博物馆。

油菜花田（天然）　　　　　台北市的马场町　　　　　韩国SAN博物馆

下图的三角形铺装缝线和小坡地，是为了呼应钢柱堆叠雕塑，但有争议。

地坪图案（安徽合肥美术馆）

下图不是整体地形的起伏，仅是面上的点起伏。自然界中也可以看到这种景观，如云南罗平的油菜花田。距离远的"点"如孤立的"丘"，距离近的会形成夹谷景观，也有取其谷布置汀、埂、径的。不妨把其设想为外国的"山水盆景"，但比微缩尺度放大很多。

孤立的丘（人工）　　　　夹谷之中　　　　林中层次　　　　取谷布汀

2. 面上的起伏

有的时候几何或非几何的点聚合成面，呈长弧、圆弧、曲折形，再加上硬质材料的强化装饰，会形成平地出波澜的景观。这种设计可以说是平坦草坪的竖向发挥，也可以说是点的面化和创新。

单条宽度 起伏波浪 多条连续 满布整仓

延伸来看，可以把这种景观做成带状，如一匹布在大地上散开来一样，有长有短，有软质也有硬质，有造景也有实用，更有来自天然的启发。

软质铺装波浪带（黄） 软质铺装波浪带（绿） 软质装饰波浪带

硬质波浪带（金属） 硬质波浪带（合成） 硬质波浪带（木质） 软质波浪带（天然）

上海杨浦滨江绿带的大地绿波浪加上玻璃舟，让人浮想联翩。黄浦江沿岸木船轻舟的漂浮，实现了波浪在蓝与绿之间的转换。

大地绿波浪加上玻璃舟

景观设计中的平面铺装

以前测试车辆的性能，例如吉普车、坦克，也是用地形的起伏进行测试。车辆冲过了如同搓衣板的路面，甚至能从河水淤泥中开出来，才能保证车辆的正常运行。

上海杨浦滨江绿带　　9m×6m宽深壕沟（以色列）　　如同搓衣板的路面（美国）

3. 几何型地形

往往由于高度的限制，又需要创造群众活动与城市交往所需的场所空间，故采用交错的折线几何形式。要注意以下方面。

（1）体型

斜线景观难免会出现锐角、死角，应尽量避免给游人带来心理上、生理上的不安全感和伤害。

注意死角斜坡（德国）

（2）材料

玻璃、金属、石料、各种板材等作斜向护坡可给人带来稳定和神秘感，减缓水流冲刷，但要结构稳定和保障儿童安全。

各种材料的护坡效果

板材一般平贴，也可以是层叠面，见下图。其中石料板材使用较多，多为实砌，价廉耐用，有时结合挡土。

石料板材的大地几何体形（上海）

（3）小品

由几何体形成的新颖小品景观，有的利用表面进行写字或上色处理，有的可深入内部看到断层结构。这种景观不但分隔空间，本身也是一种景致。休息座凳结合折线混凝土墙，且多设在折线凹入角落，符合人的安全心理需求，也避免对步道上的游人造成干扰。

利用斜面塑字画色

斜面也是一种景观

深入内部看到断层

（4）边缘

边界多需汇水。多见碎料掩饰加平侧石，要有自然的亲近感。注意掩饰边界沟，也需保持沟外地坪完整形美，避免散乱。

草坡的曲边缘

碎料的直边缘

板材层层叠叠入水

景观设计中的平面铺装

（5）维护

斜面草坡虽形式简洁、造价低，但要长期保持效果，后期维护成本并不低，特别是斜向草脊，在设计时需要考虑维护费用。

（6）几何地形案例

① 怡红科技园。上海漕河泾开发区沿街绿地被设计为多向几何立体地形，较好地表达了新型创业园区的意象与风貌，成为开发区与道路之间的天然屏障。这里的山坡除了草坪还有其他多种材料，衬托多向且多层的简洁造型，高低参差，引人遐想。

怡红科技园景观区位图

入口玻璃桥和壁

建筑与街道之间的屏障

块石壁和草坡

砾石壁和草坡

② 梅斯特将军纪念公园。梅斯特将军纪念公园位于斯洛文尼亚，于2007年建成，是折线景观设计的经典案例。BRUTO设计事务所以草坪、石屑、混凝土、防腐木构成极简的折线草坡步道，象征梅斯特将军率领士兵英勇奋战。

纪念公园以低调融入生活的方式赢得尊重。折线为其形，混凝土墙为其骨，草坡和石屑步道为其表皮。三角形为相对稳定的支撑形式，斜坡草坪被混凝土墙分割成多个三角形，简洁又优雅。

象征梅斯特将军的英勇奋战

折线步道观赏草坡

③ 美国越南战争纪念碑。美国越南战争纪念碑的创作者林璎，善于用简单的方式、自然的材料传达出复杂而有诗意的情境，将理想与现实紧密地联系在一起。一道长492英尺（约150m）的倒V字形纪念碑，深黑、光亮的花岗石上镌刻着阵亡将士的名字。倒V字形碑体又像两条长臂向外延伸，指向林肯纪念堂和华盛顿纪念碑，把独立战争、南北战争和越南战争这三场震撼美国历史的战争联系在了一起，呼吁世人思考它们的意义。

倒V字形纪念碑

碑墙深置于大片草坪之中，绿地衬托碑体，如同大地开裂，接纳逝者，象征难以愈合的战争伤口。它犹如明镜，能清楚地看到观者自己的影子，从而使观者自然而然地从内心进行反思，获得感情上的升华。正如林璎所说："我的确希望人们会为之哭泣，并从此主宰自己回归光明与现实。"

黑色花岗石碑体　　　　　读摸名字的瞬间　　　　　获得感情的升华

如同大地开裂般接纳逝者　　　草地营造出肌理

④ 德国火车站广场。该广场极具代表性，地势平坦的铺装面上，可见起伏多向的规则几何地形，有纯草坪，也有以硬质材料支撑或进行铺装的。

几何地形　　　　　缓坡　　　　　波浪　　　　　下凹

4. 自在的地龙

以上各种造型，当其纯为硬质景观时，则是自由体型"地龙"的面貌。这是一种自然地貌的升华，灵活分隔绿地空间的同时，又引导视觉浏览。

    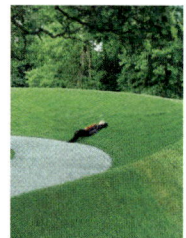

自然地貌（土质）　　地龙面貌（随意形）　　挡墙面貌（半片形加装饰）　　滚床面貌（草质）

当其为全软质材料时，如同大地之"滚床"；当其为半软质材料时，则可成为大地自然之挡墙。在景观规划设计中，此设计可成为一个突破点。

软硬质兼具　　　　　　软质滚床（自然）　　　　　草质滚床（几何）　　　　大地滚床（组合）

5. 艺术化的挡墙

完全几何化后的挡墙，前硬后软。小型的可做自由形态的创意发挥，大型的则与土木工程挡土墙达成一种奇妙的"貌合神离"之态，即在雄壮的挡墙形体（之上）结合土方构建而成。

自由独特形体的挡墙花坛

圆单元几何体+土方　矩形单元几何体+土方　　阶梯形挡墙+土方　　　多几何形挡墙+土方

竖向条石与混凝土预制件+挡墙　　　　造型与力学要求的统一

景观挡墙之美在于巧妙造型与力学要求的融洽结合。园林驳岸之美往往体现在两岸造型的对比上，无论软质还是硬质材料，并非越高大越魁梧就越好，亲切感反而更重要。而其背景则是由地形、种植、铺装的塑造、衬托与配合所构成。

园林驳岸造型之美在于对比

6. 3D的地貌

大者如日本横滨港口码头，铺装由下而上，整个屋面翻天覆地。小者是把地坪、装修及至屋顶，包裹起来。立体化装修，让人思维流畅，这或许是当前装饰的一种倾向，是一种"3D地貌"。

日本横滨港口码头

只要留意，这种上下连接的例子在园林中还是很多的。

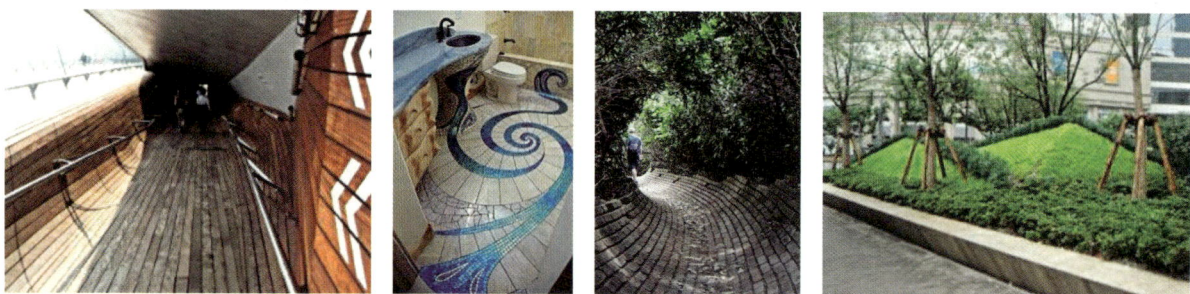

建筑　　　　　　　　　家装　　　　　　　　　园林　　　　　　　　　街道绿地

3.5.6　游戏娱乐场

最具潮流感且直观的儿童游戏场通常是起伏的地坪设计，其色彩鲜艳夺目，可供儿童在铺装面上攀爬翻越。这对成年人也有吸引力，已成为一种景观。

起伏且色彩斑斓的游戏场

还有一种是项目和地面铺装紧密连接，融为一体，发挥各自优势。

借助于地面起伏的游戏

扩展来说，很多大中型运动与娱乐项目都采用了这种起伏配合的设计形式，如赛车场、欢乐世界、草地滑坡及滑板场地等。它突破了单独项目的局限和单纯娱乐的范畴，使儿童、青少年回到大地温暖的怀抱中，让整个场地成为一个富有变化的起伏面。

起伏的娱乐运动景观

滑轮平板公园是最为显著的地形运动娱乐项目。SMP滑板公园是上海第一个极限运动公园，占地147465m²，包括周围台阶、座位、绿化带等设施。公园有3个赛区——碗槽、U形台和街区，每个赛区都设有不同难度的阶梯，通常深1～3m，最深可达5m。

还有模拟各种街头环境建造的街式滑板场馆。比如台阶、窨井盖、斜坡、弧形坡、扶手等一切障碍物，它们都可以当成滑板运动的道具。滑手们会想方设法跳过、滑过这些障碍。因为街式滑板对场地的要求不高，它已成为主流的滑板方式，深受年轻滑手喜爱。

这类地貌暂称"游乐场"。当然也有依托平面形状的游乐场，如碰碰车等。

坡度地形娱乐项目　　　　　　　　　　　　　　　　平面地形娱乐项目

3.5.7　山体的堆砌

（1）人造山

那些象征高山、峰谷、悬崖等，显示某种造型情趣、登高需求和覆盖要求的人造高耸地貌，通常称为"人造山"。国内外都有记载。

西尔布利山位于英国威尔特郡埃夫伯里村附近，它是欧洲最高的史前人造土山，高37m，有4000多年的历史，堪称人造奇观。几个世纪以来，考古学家对其建造目的一直迷惑不解。

德国柏林的滕珀尔霍夫机场于2008年底废弃拆除。建筑师雅各布·泰格斯（Jacob Tigges）凭借其多年来对城市与世界的理解，提出了一个近乎异想天开的构想：建造一座1000m高的人造山——"冰山"（Berg）。要知道，埃及胡夫金字塔原高才约146.5m，经5000年风雨侵蚀，现高约137m，塔外表覆盖的石灰已剥落。建筑师雅各布·泰格斯提出，"正当世界上的超级城市都在竭尽所能，盲目挑战摩天大厦的高度极限之时，柏林更应该在城市里建起一座山"。绿色山坡和冬雪山顶让人想到阿尔卑斯山，而这一切都由动物、植物和人类共同享有。

北京景山又称"万岁山"，山高约42.6m（海拔约88.35m），坐落在北京中轴线上，是俯瞰故宫的最佳视点，也是旧城制高点。景山始建于明永乐年间（1403—1424年），是用挖紫禁城护城河的土及建筑废渣堆积建造而成。1928年开放被改建为公园，占地23hm²。

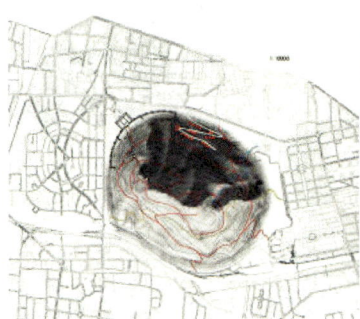

西尔布利山　　　　　　　　　　　　　　　　"冰山"的构想

北京景山公园景观

　　上海虹口鲁迅公园在20世纪五六十年代构造竖向主景北大山，占地1.5hm²，山体长约150m，高22m。上海长风公园在1958年挖湖堆山，占地15亩（约1hm²），山体体积约30万m³、高约26m，山为铁臂山、湖为银锄湖，其名取自毛主席《送瘟神》诗中"天连五岭银锄落，地动三河铁臂摇"。该时期建园堆山成为一种流行趋势，相互攀比竞高，其中有的是为掩埋旧碉堡、弹药库、配合人防工事等。这些山大多位于北方，往往成为公园背景，也能挡北风改善小气候，但绿化不如北京景山。

鲁迅公园

公园后山

和平公园

杨浦公园

长风公园

　　（2）人造山的种类
　　人造山有两种不同造型。一是倾斜、婉转、起伏的仿天然地貌，以上所述都是此类。二是各种几何形状的人工地貌，人工堆砌造就了选型条件。当然，自然山水偶尔也有几何形状的，如肯尼亚尔卡纳湖（碱性湖）火山，只是物以稀为贵罢了。

鼓浪屿天然山

倒锥形山

圆环形火山（肯尼亚）

似圆形湖面

　　人造山有三种不同成因。一是人工造景；二是对垃圾山、荒芜山丘的生态改造；三是配合某些建筑设施。在城市中对人造土山影响深远，要谨慎处置。
　　（3）垃圾山
　　垃圾山改造是一种值得提倡的环保做法。具体而言，是在垃圾山上覆盖1.2～1.5m厚的种植土，进而将其建设成为公园绿地。

　　天津大港区实施挖湖造山工程规模宏大，可作参考。其占地面积约33万 m^2 ，其中人工湖面积约23万 m^2 ，山体体积约100万 m^3 。山体利用石化公司热电厂生产后的废弃粉煤灰混合黏土填筑，总用量达36万 m^3 。解决粉煤灰污染环境的问题，达到"变废为宝，美化城市，造福人民"的目的。韩国首尔兰芝岛的世界杯公园也是一个名作。20世纪70年代的工业化进程曾使这里沦为垃圾山，1990年起用7年时间建成世界杯公园。上海梅陇、大宁、凉城路都有垃圾土丘，有的已绿化，有的正在建设公园。下图在上海汶水东路、广粤路口拍摄，是一座高约40m、占地几十亩的小山，是繁华都市内的静僻一隅，还有待开发。

堆山已绿化　　　　　　只留下轮廓　　　　　　水土流失痕迹　　　　砌下高墙加
　　　　　　　　　　　　　　　　　　　　　　　　　　　　　　　　　以管理

　　（4）造景山

　　在城市中独立成景的山有时甚具规模，客观上已成为城市新地标。潜心设计的制高点，要有很好的自体造型和空间驾驭能力。对于业主而言，要做好长期养护管理的准备。

　　这是对造园仿自然地貌的一种"逆反"，"人造山"成为园林地貌的一种流派。现今在城市中堆山占用城区宝贵的土地资源，要有明确的目的，并做好建成后的使用和管理工作。

土堆山的设计和近望（闽厦）　　　　　　　　　　　　　　　金字塔形建筑

　　土方塑造几何体貌似简单，实则需要在外观、细节和养护等方面深思熟虑，这样才能在"极简"的外形定位和"限定面积"的要求下，赋予其人文气息和感性温度。因此又产生了各种几何变形，如余脉、洞穴、天窗、屋顶花园等。

洞穴　　　　　　陡坡　　　　　　天窗　　　　　　露芯

（5）假石山

20世纪90年代，上海普陀区上青佳园耗资400万元，沿街建造了一座15层楼高的石山，呈"泰山压顶"之势，被评为上海最奇葩建筑，让人诧异，扼腕叹息。用GRC作山石盆景，在关键处偶现可理解，如日本六本木、上海浦东新区海关大门路隙。从海纳百川的角度来说，也是一景。石来自天然，有灵气，欲引入繁华都市，须具备一定的环境和意境才行。

上海市区大假山（石砌）　　　　　　　　　　　　　　　　日本六本木假山

（6）墓冢山

我国历史上盛行土葬，常见半圆或长半圆几何形墓冢，陕西延安皇帝陵规模大可比"山"。以独秀墓到独秀园的尺度变化为例以供参考：1942年，墓地宽5m，长7m，后有石堡坎；1981年，墓冢高1.5m，直径3m；1998年，墓冢高4m，直径7m，石碑高2m，阶6级。

从独秀墓到独秀园

3.5.8　地形是景观

（1）起伏的元素

山峦及其起伏形态本身也是一种景观元素，蕴藏着丰富的造景源泉。桂林、厦门有自然山峦入城，是十分宝贵的资源。美国的拉森火山是世界上最大的穹顶火山，其独特的彩色沙丘让人过目不忘。

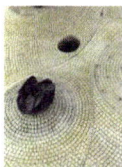    

地形上下　　拉森火山　　　　向上造型　　　　　向下造型　　　　上凸下凹

（2）倒置的缓坡

沈阳阎家村附近有一个怪坡，长约80m，宽约15m，表面看西高东低。骑着自行车从西坡顶向下，不踩自行车，车不会往前走；在东面坡脚往上骑行，车子会自动往上滑行。因此当地人称此为"怪坡"。厦门也有一处怪坡，是因为周边参照物的原因而造成的一种错觉。

沈阳怪坡，大多是与环境对比形成

这类景观国内外都有。韩国济州岛也有一处怪坡，车辆往高处滑溜，这是环境布置、视觉误差加上风趣宣传造成的效果。

（3）翻滚的趣味

新西兰有一条载入吉尼斯世界纪录的大街，名为"鲍德温大街"。这条街道的斜坡达到35°，每走2.86m则升高1m。从2002年到2016

韩国怪坡　　　　　　　首末标志及路与环境对比

年，吉百利巧克力工厂都在这里举办慈善活动，届时上万颗编号的巧克力豆分三组从鲍德温大街倾洒而下，每组率先冲过终点的15个巧克力豆所属主人得奖，15年内共筹款90万纽币。最近工厂关闭，但景点保留了。生活中，在这种斜坡上翻滚的经历每个人都会遇到，但很少能够演变为值得讲述的故事。

巧克力工厂　　　　　　"巧克力豆赛跑"　　　　　　生活中的翻滚

人的倒立、翻滚、奔跑也是一种趣味和锻炼。世界之大，无奇不有。埃塞俄比亚有一个"爬行村"，人出门都会屈腰爬行，系小脑性共济失调症状。

下图为在台阶上的卧倒、翻滚及下坡的情景，涵盖了从游乐到探险的不同情境。这些地坪铺装都属特例，有较大危险，切勿盲目模仿。

人体在台阶上翻滚　　　　　　人体在台阶上倒立　　　　　倒行的人群（非洲）

（4）攀爬的快乐

桂林古东瀑布拥有得天独厚的条件，多级串联的瀑布经人工稍作改造后便可向上攀爬。戴头盔、穿冻鞋与水亲密接触，这是城里寻不到的自然"亲水攀登墙"，蔚为大观。

自然加工成亲水攀登墙（赵锡惟 摄）

在儿童游乐场和体育运动场馆内，这种形式就演变为人工"攀岩墙"。经过精心设计，使其成为一种体育竞技项目，让运动员的身心都得到锻炼提高。但从景观角度来说，自然环境的攀登更为有趣，甚至庐山也通过设置爬梯来收取费用。世界上最高攀岩墙为"王者之剑"，位于荷兰的格罗宁根镇，高达37m，自成一景。

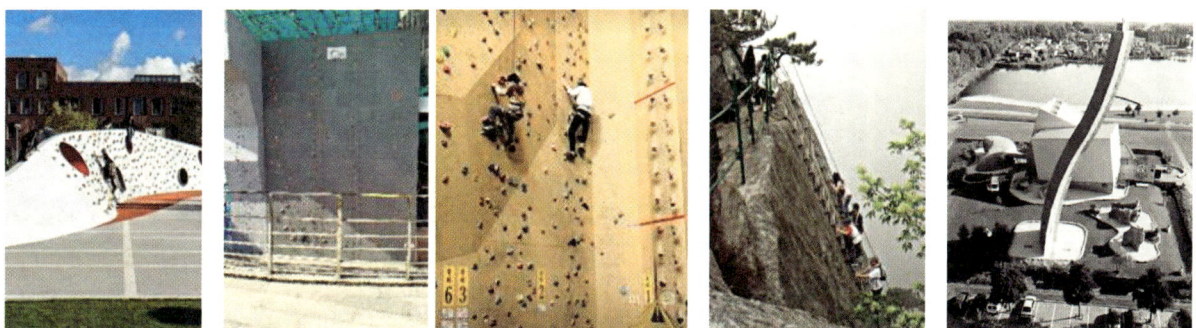
儿童乐园攀岩墙　　体育运动攀岩墙　　　　　　　　庐山收费爬梯　　世界最高攀岩墙

（5）难于上青天

"猿猱道"位于我国四川剑阁县的剑门关景区内，曾是山民上山采药的行道。它建在高度落差达500m的悬崖峭壁之上，全长400m，最宽处30cm，窄处仅15cm，全程无防护栏。有诗为证："剑阁峥嵘而崔嵬，一夫当关，万夫莫开""蜀道之难，难于上青天"。

自古华山一条路，游人如织，也有挑夫负重上山。南峰海拔2154.9m，为五岳中最高，西峰太华索

蜀道之难，难于上青天

道曾为亚洲最长索道，华山的天梯以自然造化为主，高耸陡峭，有时需要倒退爬下来才行。惊险秀丽的华山，饱含人文景观，北峰有"华山论剑"碑，东峰有"下棋亭"。传说当年宋太祖赵匡胤就在下棋亭，以华山为赌注，与华山陈抟老祖对弈，输掉了华山，从此流传"自古华山一条路"。

自古华山一条路

美国犹他州拱石国家公园有条叫"狮子背"的岩石山脊，峭壁陡立，垂直高度超过200m，山坡坡度30°~35°，在距离地面15m时角度扭转至40°~45°，最陡峭处可达70°，下坡比上坡更难，稍不留神就会发生事故。这里成为极限运动者试驾越野车的圣地。

美国拱石国家公园

（6）最陡回家路

最陡回家路位于新西兰南岛的达尼丁市，每走3m要升高1m，走完全长350m等于爬了30层楼。设计者是从未到过现场的英国人，按惯性思维设计的。市长鲍德温要求其修改，遭拒，因此，这条路被称为"鲍德温街"，因陡而列入吉尼斯纪录，旅游业由此如火如荼，居民也当锻炼身体。

（7）垂直大桥

日本鸟取县的江岛大桥全长1446m，高44m，一侧坡度最大达6.1%，从路正面看几乎垂直，从侧面看是普通拱桥，在拱顶可看四周景色。

鲍德温街   1：3起坡   车行困难   锻炼身体

日本著名江岛大桥

如此"陡峭"不是伪造，仅是用长焦镜头拍摄的效果。注意这时前视和后视的感觉并不相同——局限闭塞和深邃开朗。

前视（远）   前视（近）   后视   造型（美术）

挪威大西洋海滨公路长约8200m，穿过12座低桥，有段桥身呈现出独特的角度，当海浪较大时会漫过桥面。景象壮观且惊险，被选入世界十大危景公路之一。但是也不要"以貌取路"，仅仅当作一个博人一笑的景观。

挪威大西洋海滨公路   为啥不走新桥（郝延鹏 画）

反复的"坡折"，完全依附地形反复上下，则会失去主观能动性，也不美观适用。看看农村的池塘，"一坡三折"则更具乡情。

依附地形　　　　　　　　　　　　　　　　　　　　　　　　　　　"一坡三折"

（8）城市标志点

确立城市标志点除了打造制高点外，还有很多不同的方法。人们期望新型城市能够以高端科技产品作为其标志，从而与城市品位相得益彰。比较典型的案例有巴黎的埃菲尔铁塔、英国伦敦的伦敦眼等。美国拉斯维加斯的MSG Sphere球形场馆，由120万个LED灯组成，可显示不同色彩。屏幕面积达15000m^2，可同时容纳17600名观众，耗资23亿美元。

巨大的彩色电子球　　　　两个足球场大的屏幕　　　　观众席有4区23个包间

甘肃平凉海寨沟的天空之路玻璃栈桥，横跨4座山峰，长2800m，高400m，下视如万丈深渊。

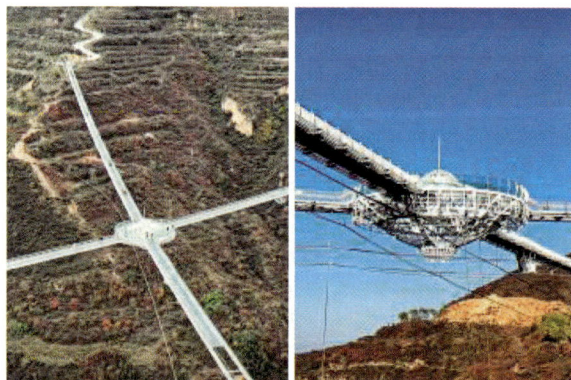

甘肃平凉海寨沟的天空之路玻璃栈桥

　　　　　　　　　　　　　　　　　　　　　　　景观设计中的平面铺装

3.6 铺装空间

3.6.1 硬性和弹性铺装

在人流可能出现密集情况的地区采用弹性铺装。在车行区、人流密集区、要道提倡铺装界限清晰，有分流功能；在森林、郊野、蹊径等地，不妨采用自由灵活的铺装空间。在传统园林、庭院，按人流和取景，限制用地面积。

   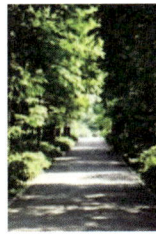

硬性铺装　　　　　堑道的肯定空间　　　　　绿化的伸缩空间　　　　　弹性铺装

3.6.2 硬质铺装

公共建筑外铺装、市政广场、硬质游戏场等常是一个城市的名片，地面有适合视距的图案纹理。多用坡向汇水、盖板或缝隙式排水。无车广场采用透水地面。注意硬中带软，从生态上说，旱涝对植物影响很大。

城市广场名片　　　　有合适视距的图案　　　　以管线作为分隔　　　　隐蔽设备

必要时采用限制人流，设置提示如警戒、水深、养草、山岭等。特别是大城市的热门景区，如上海外滩，每到节假日都要十分注意。

汀步深水　　　　特殊环境　　　　山体限制　　　　上海外滩（节前）　　　　上海外滩（节中）

西藏布达拉宫占地36万m²，建筑面积13万m²。井喷式旅游的庞大人流，给这座千年土木结构建筑带来巨大压力。布达拉宫管理处经科学测算，其最大承载量为5000人次/日。这与软质铺装的弹性范围不同。

3.6.3 软质铺装

绿地广场中的大草坪，有着多种人流活动场景，如进行歌舞、健身、搭帐篷、放风筝等休闲放松活动，或者举办会议、酒会、宴会、新闻发布会等。要根据活动的要求设计养护与管理，争取向社会开放。如放风筝需要场地大致平坦无高耸物即可。但迪士尼乐园禁止野营车入内。

一般广场使用地面渗透、盲沟、暗管排水，特殊的要保障安全供水排水。

放风筝用草坪

在草坪上举办会议、酒会、宴会

植物园的帐篷（林小峰 图）

人造草坪

自由休闲人群

大地绘画（皖新安江）

临时隔离

园艺

插满白旗

3.6.4 "大树广场"

"大树广场"要扩大使用范围，比如用于停车、开设茶馆、搭帐篷，或者用于陵园中。森林、郊野、湿地公园常有"大树广场"，大树地坪要提高绿地率、使用率。积水成渊，因树成景。同时灵活的边界让城镇园林化，只保留作为历史遗迹的门、墙。

茶馆　　　　　　　活动　　　　　　　休闲　　　　　　　健身

聚会　　　　　　　搭帐篷　　　　　　停车　　　　　　　陵园

3.6.5　铺装形式

（1）曲直互动

唐代诗人王维言："肇自然之性，成造化之功。"详细研究上海襄阳公园，在矩形中取对角斜直线为主要干道，其余径为曲线。上海浦东世纪公园，在曲线道路中有梧桐和银杏两条直大道。

上海襄阳公园　　　　　　　　　　　上海浦东世纪公园（金云峰 图）

（2）意境序列

贝聿铭1998年设计的日本美秀（MIHO）美术馆，故意经过一条隧道，初入"山有小口，仿佛若有光"，走出隧道而"豁然"。把《桃花源记》中的梦境化为美术馆的意境。望能有这种路的意境和序列。

（3）空间尺度

空间大小影响铺装，对于景观来说同时存在"形式美"。铺装的大小、形态与林木空间要有合适配比，尤其应注意边界和设施。

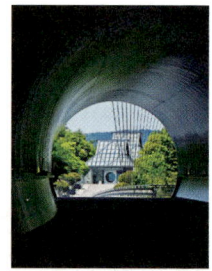

日本秀美
美术馆全貌　　　山有洞口入　　　　　　　隧道内景观　　　　　　　　出隧道豁然开朗

远林空间和相辅道路　　　　　　　　　　　　　　　密林幽径　　　　林中快道

（4）弹性规划

规划上要体现应变能力。我国峨汉高速大峡谷的隧道长12.1km、隧顶至山顶1944m，隧道要穿越多种复杂地质构造区域。规划在左右隧洞之间每隔700m设横洞，每隔120m设监控，以便在发生意外事故时，能及时撤离、救援与事故控制。园林铺装体型应有统一段，也有变截面段，切勿"孤掌难鸣"。

路外有道　　　　　　　　　　　　　路中有台　　　　　　　　　　　　"孤掌难鸣"

3.6.6　空间构成

综上所述，绿地铺装空间的形成有多方面因素：

① 绿地铺装的形状、尺度、纹理、色彩等；

② 绿地铺装所在的地形和竖向设计；

③ 绿地铺装所取的排水方式；

④ 绿地铺装周边区域上、中、下不同层次以及远、近不同距离范围内的植物；

⑤ 绿地铺装的人文景观。

这些因素在铺装设计中要综合考虑，形成有风貌的绿地空间。要明确铺装的面积与空间是两个概念。铺装的面积、内容有限，铺装的空间除了与面积有关，更是"景"的载体，远望即是"借景"。工程师讲的场面大小，常指铺装面，是实体、工程量。老百姓讲的大小，常指空间，是一种感受。

单侧草沟于花絮下

径隐于小地形中

3.7 铺装设施及装饰

3.7.1 铺装的设施

（1）重要的组成

下图为上海共青森林公园。这些设施是郊野公园、森林公园、环城绿地等绿地系统的重要组成部分。

花架

游戏

歇脚

河驳

茶座（方塔园）

（2）面上的设施

铺装中，设施要尽量景观化。南京有一个旱喷泉，把喷头和水下灯做成地面浮雕的造型。千岛湖则是把设备集中在不锈钢圆带内，并把这个图形作为铺装的一部分。

浮雕中的旱喷泉（老东门）

地面图案与旱喷泉（千岛湖）

地灯艺术化排列

旱喷地灯做景点（葡萄牙）

（3）合理的布点

设施的布点要合理，如有的电话亭突兀地放置在人行道中，既妨碍交通也影响使用。对于人们停留时间较长的座椅等设施，宜将其与铺装动线分开。

沿路座椅的位置

电话亭、邮箱、零售摊位的位置

3.7.2 铺装的指示

铺装的指示是指与铺装紧密相连、相辅相成的标识、图画、浮雕、圆雕及色彩等。它对地坪起到了指导和美化、艺术化的作用，彰显了城市的精神文明风貌和管理水平的高低。美学大师宗白华说："中国人这支笔，开始于一画，界破了虚空，留下了笔迹，既流出人心之美，也流出万象之美。"艺术中的起、承、转、合用到园林上便是疏、密、曲、直。

（1）重要地标

传统的、法定的图案标识是一个国家、一个民族的代码。要选地段郑重使用，避免践踏，不宜与商业广告混淆。

传统的标志（韩国）   八卦图（中国江苏）

（2）要求风趣

铺装上，指向要引人注目，常采用风趣、亮眼的文字或图形。有的呈现在地上平面，有的则是竖向指示，这样能避免视觉上的混乱。

立面上指向   巴厘岛示意图（局部）

（3）绿地特点

① 墙少人多。符合室外绿地墙少、人多车稀、路途曲折的特点。相对来说，竖向标识多用独立支撑结构，指向标识多用地面图形，易于辨别。

平面上指向   指向装饰一举两得

② 全景系统。鲁迅先生故里绍兴沈园的旅游景区图，非常详细地标示了各景点地理位置、路线、交通及二维码。制作精美完善，值得借鉴。

系统的综合表现   地铁指示（不含距离）

③ 文字简洁。部分符号具有实用功能，如有的指路标识，甚至会详细到距离尺寸，同时还会提示所在区域的相关信息。注意，地铁图只指示方位，并不包含距离。

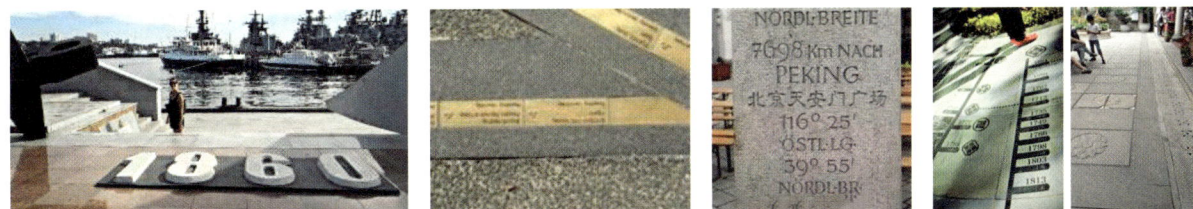

传统标识   新颖标识   巴伐利亚镇标识   纹理具体到尺寸内容

④ 开放通用。公共标识要具有通用性，又要具有独特性。既有地方特色，又能为各地各国人民所理解、欣赏，没有文化、语言障碍，而且也应便于残疾人识别，直观地传递信息。

  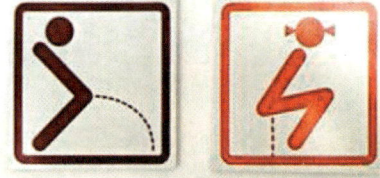

海派特点（创作）　　　　　　男女不易辨认　　　　　　　一目了然的厕所标识

⑤ 公序良俗。公共标识的图文要容易制作、管理、辨认，又要符合公序良俗、政策法规。群众反映最为突出的是公厕标识，由于不同层次人群的认知存在差异，风俗习惯也各不相同，因而在设计公厕标识时需特别留意。

男厕女像习俗混淆　　　　　　　　　　　内容不易辨认

3.7.3　地面绘画

（1）平于地面

有以下几种做法：①彩绘；②铺装图案；③镶嵌图案；④板材原有图案。这些图案同时是承载面，属于大多数的情况。

彩绘（具象、抽象）　　　　铺装图案　　　　　镶嵌图案　　　　板材原有图案

（2）镶嵌图色

镶嵌图色粘贴、镶嵌于斜面、立面，属于特殊的情况。

立面铺装图案　　　　斜面铺装图案　　　　路面的浮雕　路面的绘画

（3）3D图画

3D图画起源于街头文化，源于国外，近年来在国内也逐渐兴起。3D画家齐兴华说："街道是画布，城市是24小时的美术馆，中国城市也应该有她独特的纹身。"街道图画是美化城市的即兴快捷宣泄。

注意事项：选择合适的地理位置，适当点缀，勿过分夸张。3D图画的选地甚为关键，只有具备一定角度、地面平坦才具有立体效果。

内容在安全范围内　　　　留下通道　　设置范围　　过分夸张　　　　　选好地点

3.7.4 涂鸦景观

涂鸦诞生于草根阶层，最初是由一群纽约青少年创造的。年轻人热爱涂鸦，因它张扬、自由、耀眼，俨然是打破常规的醒目标记。但别以为"涂鸦"（Graffiti）是音译过来的舶来品。其实这个名字是从唐朝诗句"忽来案上翻墨汁，涂抹诗书如老鸦"而来。我国在战国即有"播芳椒兮成堂"的说法。到了汉朝，《汉书》里提到"未央椒房"，即皇后所居宫殿，以椒和泥涂壁，取其温暖芳香。

在城市公共场所乱贴涂刷广告属"城市牛皮癣"，有专案治理。有的地方则引导为涂鸦，成为挑战视觉的时髦艺术行为。20世纪90年代，北京有专用涂鸦墙，上海创意园区也被涂鸦所装点。画家意识到：墙是世界上最便宜、最具有宣传效益的画布。

涂鸦也可为城市角隅作临时美化，以掩饰不足，如墙缝、墙垛等。但在树木上涂画会引起争议：在健康活体组织上不宜涂抹任何东西。

墙垛　　　　　　　　柱缝

小树　　　　　　　　树干涂鸦

重庆辟出的涂鸦墙已成"特色街景"，其内容丰富多样、琳琅满目。厦门大学的芙蓉隧道内有涂鸦，成为校园景观的一部分。

厦门大学的芙蓉隧道　　　　　　　　　重庆涂鸦街道　　　德国涂鸦　　布拉格涂鸦

3.7.5　浮雕园雕

本书将雕塑依照与地面的关系分为三类，一是作为铺装表面一部分的浮雕，有的平于地面，有的低于地平面；二是安放在铺装动线外，行人只能观望的浮雕，常见为斜面；三是立体园雕，多为固定状态，偶有动态。

（1）下凹浮雕

下凹浮雕下沉1.5～2mm，线条不要过于纤细，便于排水、清洁、除尘，不要妨碍行人和残疾人乘坐轮椅活动，应注意安全。浮雕面上仍是实际承载面。

标识　　　　　下凹浮雕（不妨碍行人活动）　　　　浮雕下凹（传统内容）

（2）传统图案

我国传统台阶常有斜面石浮雕，非常精湛，现多加护栏保护。印章浮雕属于这一类，主要用于观赏，不是承载面，应避开人流动线。

苏州穹窿山广场的浮雕　　　　　　　　行人不准入内（传统）　　　印章浮雕

（3）现代图案

设计或具体或抽象，创作具有很强的表现力。

现代图案浮雕

（4）曲水流觞

流水图案最为知名的当属曲水流觞，现在已有许多表意相同的变形，真可谓"流水不腐，户枢不蠹"。这些图形整体可人行，凹陷处可流水。

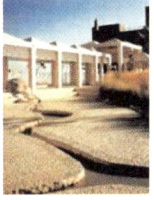

原始水流　　　　　　曲水流觞图案　　　　　　　　　　　　　地坪饮水思源

（5）微凸图案

自然花卉、地被灌木组建立体图案，如花钟、徽章。

草地花钟　　　　　　加边花钟　　　　　　徽章

3.7.6 沙雕园雕

（1）想像力

有艺术提示或寓意，有时用于玩具游戏，使铺装面充满新奇与乐趣。

玩具　　　　比例　　　　提示　　　　来自大地

（2）紧贴地面

艺术创作源于生活，贴近人民。很多创作紧贴地面，甚至深入地下，以地面为依托。贴近大地的雕塑，以土地为背景容易让人浮想联翩。

贴近大地的创作

（3）互动趣味

互动雕塑以其趣味性、创造性、实用性、亲和性和协调性，让静态的现代城雕在自然和谐中实现了与人们的互动交流，成为城市环境中颇为诙谐、活泼、有趣的文化艺术载体。

错爱　　　　耳语　　　　误会　　　　闺蜜　　　　补充　　　　　　　联系

（4）动感雕像

动感的雕像尤其能引起人们的关注，如泣如诉。

乌克兰的两座雕塑　　　　　　　与影相近的小品　　　　表层要稳定

3.7.7　地景艺术

作者在田地、山石、水体等天然空间，以各种手段创造广袤的地面图案、雕塑。由于使用天然材料，虽人工痕迹尚存，但与环境相协调。东方园林更讲究浑然天成的意蕴与抑扬顿挫的交叉，西方园林注重几何布局与修剪的优势。

　　2012年在英国威尔特郡出现了海洋生物翻车鲀形状的麦田怪圈，长约240尺（约80m）。这些令人惊叹的图片是麦田怪圈专家露西·普林格尔（Lucy Pringle）在伍德伯勒（Woodborough）山上拍摄的。

麦田怪圈（英国）　　　利用坡地的图像

　　稻梦空间位于沈阳沈北新区，占地1500亩，参观人数众多。景区内设有长2800m的小火车及观望塔，其规模至今为世界最大。为精确表现景象，每亩稻田按照电脑设计，用9种有色杂交水稻手植。一座千手观音像有27000个定位点；一幅八仙过海占地70亩，灵动如生。山东鱼台王鲁镇的"稻田画"也很有名，成为鱼台绿色稻米的名片。

沈阳沈北新区的稻梦空间

　　成片金黄的油菜花也是一种大地景观。截至2023年3月，江西农业大学已创新培育出63种颜色的油菜花，花期可达1～2个月，适应能力强，可从海南种到西藏、新疆，且菜籽产量高，有的含油量达44%～53%。

3.7.8　大地雕塑

（1）冰雕和沙雕——介质

英国人西蒙·贝克（Simon Beck）在极地的冰天雪地作画，画面清晰可爱。有人则利用沙滩涂鸦作画，连绵数里成景。我国哈尔滨太阳岛的"雪博会"，主雕塑可达30m高，已成雪景地坪。这些作品都是短暂的，一次风雨、潮汐、季节更替就不复存在。除了依靠照片或影像，大多都无法寻觅或再现，是一种特殊的铺装面。

沙滩留足迹　　用钉耙在沙滩上作画　　冰面上以枪作画　　在冰天雪地作画数英里　　哈尔滨冰雕节

（2）螺旋形防波堤——形状

美国犹他州大盐湖湖边的螺旋形防波堤，由史密斯森于1970年创作。防波堤占地10英亩（约6亩），用6.5万t黑色玄武岩、石灰岩和泥土建造。他的名言是"尺寸决定物体，比例决定艺术"。

螺旋形防波堤

（3）大卫·波帕——时尚

艺术家大卫·波帕（David PoPa）走遍全球，寻找有特征的自然环境，创作宏伟而短暂的大地艺术。在他的作品中，山石的纹理和色斑仿若鲜活的血肉，纵横沟壑的每只手有100m长，然而在降雨之后，这些作品便会全部消失不见。有人评议：因为不是永恒的美，更为震撼人心。

大卫·波帕创作的三幅画

（4）龙门卢舍那大佛——传统

龙门卢舍那大佛，建于1300多年前，身高17.14m，是著名的世界文化遗产。其在新中国成立前命运多舛，于20世纪70年代进行了大修。修复后的石像，每一块石头在大小、颜色、材质、纹理等方面都要与原有部分相契合，使其符合本来的样貌，即自然古朴。

（5）美国拉什莫尔山——永久

华盛顿、杰弗逊、西奥多·罗斯福、林肯是美国建国至20世纪初的四位伟大的总统，他们在不同时期作出了非凡贡献，成为美国精神的化身。美国拉什莫尔山雕塑高60英尺（约18m），由400人用14年建成。

拉什莫尔山总统像　　　　　　　　　　　　　　　　　　调侃的群像

（6）生物科技制品企业——意象

江苏隆力奇生物科技股份有限公司（常熟）从厂区入门起，用多种写意表达公司性质，甚至用人造象征性大树、仿蛇皮纹理地坪、几何体分子结构等造型诠释公司的特色与理念。

公司大门广场　　　　　　人造象征性大树　　　仿蛇皮纹理地坪　　　　几何分子结构

（7）"盖娅"的假说——介说

盖娅是古希腊神话中的大地之母。自20世纪70年代英国科学家詹姆斯·洛夫克提出"盖娅假说"以来，人们就倾向于将地球视作一个有心智、能调节、善对话的生命体，而非一坨冷冰冰的"泥疙瘩"。从这个角度看，在一片大地上做一些事，继而放手任其回归本真，恐怕是古今中外诸家殊途同归的追求。

3.7.9　艺术装饰的使用

（1）重点突出

围绕核心要点，做到画龙点睛之效。除了平面艺术之外，在重点区域如广场、大门、交叉口等地，设置浮园雕于地面之上。

广场　　　　　　入口　　　　　　大门　　　　　　千道　　　　　　交叉口

（2）注意细节

地面的裂缝、螺丝等都能"变"成一幅可爱的精灵画——成为临时或固定的"小牵挂"。画风丰富，故事感强，一幅画就是一个童话。粉笔画停留时间不长，但给人留下长久的美好印象。

米奇的耳朵是灯影　　　　　地面的裂缝、孔洞、螺丝、石头都是绘画对象（普象工业小站）

（3）设施艺术化

美化铺装中，设施、小品等不可或缺，如进水口、窨井盖、椅凳、花坛、灯杆等，这些元素彰显了城市精细化管理水平以及人文气息与活力。

窨井盖　　　　　树埇　　　　　　　　表皮　　　灯具　　　投影　　　　　灯杆

（4）环境氛围

艺术创作的延伸，往往更容易形成环境氛围。有人调侃，世上数百万的城市雕塑中只有"玛莉莲·梦露"有实用性，可还是被拆除了。但那些可供活动和观赏的通盘式地坪图案纹理，毕竟属于少数，且打造这类地坪既费时又耗力。

光影延伸广场　　　　　　　"玛莉莲·梦露"街头雕塑　　　树木光照　　　　移动雕像

在软性材料上，常用植物图案，阿拉伯寺院的地毯虽金碧辉煌，仍不失亲切感。在室外，软铺装就演变为活性、松散特质的材质或塑胶板材。

清真寺花纹地毯　　　　　　　室外软铺装

（5）纹理与质感

地面表层的纹理质感，常作为设计意图的补充，或是为了时空转换的需求。在绿地中，艺术图案和雕像更重软质、松散的材料。

地面纹理质感　地饰为标志（俄罗斯）　　倚晴园浮雕（常熟）　　　　松散的纹理

3.7.10　精心缜密

铺装最终的质量，是各种因素的综合反映，包含精致的节点、缜密的排列、精心的砌筑，是一种"工匠精神"的体现。

下两图中公园用弹街石砌花草等圆形弧线，对比之下大相径庭。左图沿边顺纹逐块拼砌，石块向心，如众星拱辰。右图用垂直方格套在曲线图案内，看似易做，实则粗糙简陋，与左图相比上下相去甚远。

石顺花纹砌曲线　　石排方格砌曲线（和平公园）
（海洋公园）

3.8　铺装表面的色彩

3.8.1　色彩要点

（1）配角地位

地面与建筑、景观、绿化相比较，尽管面积大，但通常处于支承、基础的地位，扮演配角。地坪的色彩是景物和人活动的底色背景。作为背景的色彩要沉着、稳重，呈现出低调的奢华感，能为大多数人所接受。

沉着、稳重、低调　　　　　　张扬、刺激、奢华

（2）彩度大小

地坪多半是低明度，其可用色相的范围大，然而若彩度过高，色彩就会对照明光线产生影响，需加注意。自然而然的色彩平衡给人以舒适感，这就如同自然环境中，下方是暗色的土地，向上则是明亮的空间。

游乐场颜色变化刺激

平衡混彩色

稳重纯彩色

（3）上下感受

从人对环境的感觉和观赏的角度来看，垂直面的视觉效果强于水平面。一般地面标高相对较低，大面积的铺装宜低调内敛，小部位以较大亮度来点明主题、突出重点，如此便能赋予其勃勃生机。

在雨季或前置水景时，可利用倒影反光，使其上下交辉。

由下及上

竖面强于水平

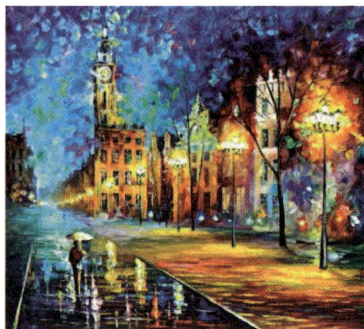
巧妙利用反光

（4）环境节制

地面、墙面及相关的器物若出现醒目图案或样式，要巧于因借。马来西亚多锡矿，当地锡器工厂的花园以沉厚的深灰色作为铺装基调，加上夸张造型的锡器，内外呼应，营造出浓郁的色调氛围。

锡为铺装基调

借树荫影

（5）丰简深浅

色彩与使用功能密切相关，再后加上纹理、类型方面逐步加深的变化，其适用场景的活跃度排序大致为：安静休憩＜慢行观赏＜健步运动＜儿童游戏＜商业＜庆典。

休憩　　　　　　慢行　　　健步　　　　　　游戏　商业　　　　庆典

我的大学美术老师蒋玄佁先生是个低调的人，他的名言是"要用鞋底板颜色"，很值得回思领悟。过于鲜亮的地面往往喧宾夺主，大面积运用的色彩往往是一种组合，如世博会的标志建筑是"一组红"，而不是一种红。

是否有喧宾夺主之嫌　　　　　　　　　　　　　　　　　"一组红"

3.8.2　铺装的色彩

（1）基本色

现代主要路面所采用的材料，如水泥混凝土、沥青混凝土、石、砖、沙土等，其基本色调从黑、灰白到土黄。从景观铺装来说，若要取得大块面鲜艳的效果，以涂刷新型涂料为佳；若要取得小块面的效果，则以陶瓷、金属、碎石面为佳。

（2）主干道

车道设计在色彩上主要考虑功效。

① 浅色彩可提高能见度，尤其在夜间，同时注意防眩光。彩度过高，会影响照明光线。

② 路肩采用与车行道不同的色彩，有减小车行道宽度的视觉效果。同理，人行道与车行道采用对比色，还有提示作用。

③ 行动速度快、道路宽阔、采用流线型布线的区域，适合搭配较大胆的色彩设计。流畅的线型还能够让其与周围环境融洽无间。

④ 提供早期警示作用。如减速道、斜水坡用黄色，挡车栏用安全色，甚至有选用红色花岗石作为竖向侧石的。

⑤ 色彩指示使用性质。如成片色彩表示公共车道、自行车道，比单线划分效果好；又如相邻停车位用两种色彩植草砖、植草格。

提示人车分道 　　　　　　　　　　　　　指示使用性质

⑥ 斑斓的色彩变化影响行车注意力，干扰行车视线。好的设计应在于道路与周围环境的融合，而不在于炫目。将竖向侧石涂成五彩斑斓或雕塑化的情况只见过一二例，这与城市性质、历史有关。

路肩涂抹各种色彩 　　　　　　　　　　　路肩石材彩色　　路肩石材浮雕

（3）人行道

欧洲古镇多铺弹街石、卵石路，保持着中世纪的风貌，这里的道路与老建筑一样存在更新问题。不过，要拆掉这些"老古董"，需要经过议会表决通过，程序极为慎重。

德国莱茵河小镇　希腊PLAKA商业古街　　英国伦敦唐人街　　西班牙公交车站

有的人行道既有特点又讲究实用，如日本、东南亚等地的人行道。用色彩来表示地位、用途，甚至一路一色，但只能是某一个区段。

欧洲人行道　　　简朴实用　　一路一色　　　　　　　　　一路三色

（4）小广场

上海某中心下沉广场由绿化水池改为彩色涂料广场。澳大利亚某公共建筑前的广场也有类似的例子。

上海某立交广场（改造前）

俯瞰广场

上海某立交广场（改造后）

澳大利亚某公共建筑前的广场

铺装若是纯粹以色彩独立构成景观，要有内涵，"红花要有绿叶扶持"。梧州失恋博物馆寓意更深：立体单独的"点"，影射的是"孤家寡人"。

老人艺术村　　　旧街小卖店（缅甸）　　　冰天雪地中（冰岛）　　　梧州失恋博物馆

（5）艺术村

西班牙有多处以色彩为主题的艺术村庄。地坪布满各种小色块，加上建筑、小品、花卉，令人目不暇接，整体环绕着颜色，称作"艺术村"。少见多怪，多见疲劳，要创造色彩的魅力实属不易。

西班牙艺术村

下图中色块多为方形、矩形，单块一色，变化体现在大小和排列上，体量大小不等，是以色为媒、"乱中得道"的装饰。

美国的艺术屋地坪　　　　　　　　　　　　　　　　　行道砖色

其他地方也有类似布置，有的是产品展示、排列、尾砖利用，要用各种材料、颜色引导组合作为装饰带。

尾砖利用　　　　　　　　　　　产品展示　　　　　　排列作为装饰带

（6）城市色

从一个景点、地段到区域、城市，都有可能会出现以色彩为特点的景观，例如彩色的阶、栈、道，以及伦敦的"三红"（红色双层巴士、红色电话亭、红色邮筒）。

小到太阳伞、椅凳、垃圾桶，大至栈道、人行道、交叉口、桥梁，以七彩为装饰合乎情理，是文字之外最直接的表达。杭州湾跨海大桥全程36km，护栏自南向北被染成了赤、橙、黄、绿、青、蓝、紫七种颜色，远望恰似一道长虹，为杭州湾增添了一抹亮色。

景观设计中的平面铺装

彩色的栈、阶、道　　　　　　　　　　　　　　　　垃圾桶

座椅　　　　　交叉口（菲律宾）　　　　人行道　　　　杭州湾跨海大桥

有的城市用色彩标识公交线路，但当色彩超过七种之后就不易明辨了。需要注意的是，在公共车上涂鸦属于违法行为。另外，有的七彩设计纯属装饰，多见不怪。

贵州有位七旬老人用20年时间在300亩地上创作贵州夜郎谷，依山而筑，深入森林，土路石阶，彰显千年原始社会的神秘，堪称奇作。

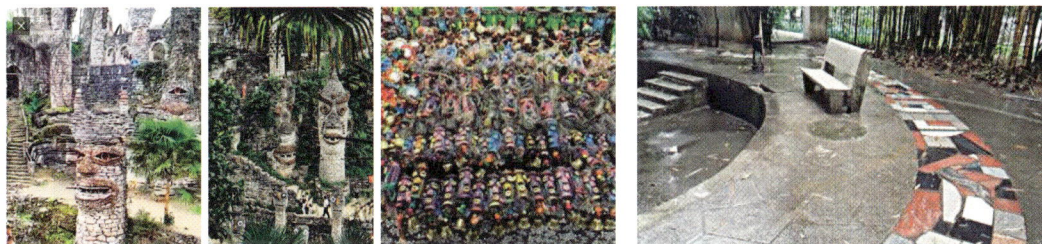

贵州花溪夜郎谷　　　　　　　　　　　　　　　一种图案、两类色彩

（7）民族性

象征着一个民族的思想意识、社会制度、宗教信仰、风俗习惯等方面的图案，比如红色五角星、徽章等，常成为地坪亮点。

五角星　　　　十字架　　　　地坪图案

各区域、民族都有各自喜爱的色彩。藏族喜爱白、绿、红褐色，北京北海公园的琼岛白塔是民族团结的形象和色彩。当你走在北京的胡同里，色彩会告诉你这是什么地方。

（8）总体要求

色彩效果应形成整体氛围，并不在于某一物、某一事。对于单一纯色的园林景观，只要它能和周围环境和谐即可，不必苛求。

形成整体氛围的效果

目前存在两个问题：一是软质景观与硬质景观的对比搭配。软质景观多丰富，如槐、竹，但并非品种的单调纯一；硬质景观单一，则需深化设计。二是设计深度不协调，甚至存在分不出铺装线、装饰线等情况。

单一纯色硬质景观　　　　线型混淆不清

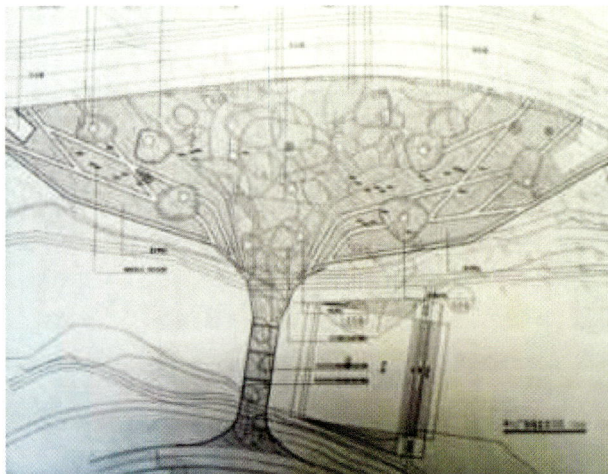

3.8.3　黄色警示

（1）黄色线

注意细节，减少色彩对景观的影响，从根本上杜绝事故。黄色涂刷或地贴近年已普及，说明安全意识深入人心。警示布置要画龙点睛，避免视觉疲劳；可用预制品或其他替代物。

不妨碍美观的警戒线　　　　预制警戒线（地铁口）　　　　　　　正在涂刷警戒线

（2）黄色线的来历

1905年冬季，在俄罗斯一个名叫鄂洛多克的小车站上，站长率全站38名员工列队站在铁路线两旁，恭候沙皇尼古拉二世派来视察的钦差大臣。不多久，列车在汽笛声中风驰电掣般地冲进了由38名铁路员工组成的"人巷"。离列车很近的人刚要举起手中的花束欢呼，突然，所有的欢迎者都像是被人从背后猛推了一下，纷纷不由自主地向前扑倒，造成了4人终身残疾，其余34人死亡的惨痛事故。科学家丹尼尔按伯努利原理分析出火车快速行驶使气压减少，在人后背产生负压力。自那以后就出现了醒目的安全黄线，其间距按车速计，延伸至有潜在危险的地段。

（3）黄色线的设置

在人流密集、开阔台阶起讫、较大坡度、变坡、转折、皱缝或缺少扶手的地方设警戒色。其中有必备的，如禁止车行处、停车位界、减速带、缝盖及各种各样的排列顺序标识。还有含有安全要求的室内局部，如高空栏杆、防火栏栅、坡道等。

禁止停车　　　　　　下坡车行　　　　　　路中停车　　　　　停车位界

减速带　　　　室内天井安全提示

防火栏栅　　　　　　室内坡道台阶　　　　　阶下提示　　　电梯扶手

黄色线有以下几种设置方式：

① 全黄。全部设色，涂刷或用地贴、预制板，原有景观已全部被黄色线抹掉。

全部涂刷黄色线的台阶

② 间隔。有的间隔设色，这样既可起警示作用，又减少了一些影响。

间隔涂刷黄色线的台阶

③ 重点。有的重点设色，醒目。但不要太密集、太集中。

涂刷黄色类颜色的铺装部位　　　　　　　　　　　地下车库入口

④ 指示。有的与指示结合，既有警示作用，又求雅观。

色、线结合铺装指示

景观设计中的平面铺装

⑤ 提醒。尝试用一种较文明、缓和的方式加以提醒。有待各方齐心协力、共同努力推进。

灰白间隔色（日本六本木）　　　　　减少设黄色　　每层一个色
　　　　　　　　　　　　　　　　（园区、喷水池）

⑥ 改善。黄色线并非万能，如在陡坡与人行道交叉的区域，应改设计的最初思路；有的设置重复，甚至位置安排不当，影响景观效果。在禁止停车地段，建议逐步以行道树绿带、矮栏、高差、光电等方式替代当前这种泛滥涂刷的黄色标线。

重复两种标识（常熟）　　　　　　盲人走旋梯　　警戒线　　五彩线（土耳其）

喧宾夺主　　　　　黄色标识影响传统建筑和园林景观　　　用双色线

⑦ 误会。因为黄色应用广泛，景物设计要避免由此产生的误解。

提醒色线（黄、白、红）　　　　　　　　　　　　　传统建筑御路踏跺

　　与绿地关系最为密切的色彩数据见附录9。

第 4 章
特殊的铺装类型

4.1 固定与动态——铺装面的状态

（1）活动。指摆放、粘贴、涂抹暂存的铺装面，如竹榻、地毯等。

（2）风动。指因自然条件引起材料的方向移动，如大漠中的"路"。

（3）动态。可随人要求变速变位的景物，如喷泉、雕塑、游戏机等。

（4）动感。"动"的景观，如福建土楼，在人们行走其上时会有动态感。

（5）声动。以声音控制的喷泉、雕塑、标记等，如自然界中有喊水泉。

（6）晃动。由重心平衡变化引起的动态，景观上如人、车行驶在独木桥时产生的动态感。

（7）摇动。左右晃动的索桥、吊索等，属于悬吊式的交通与运动构建形式。

（8）浮动。多为水上通行设施，如随波升降的木排、浮桥、舟板桥、铰接板结构道路等。

（9）助动。如蹦床、轮滑车等运动项目，也是一种激烈的表演。

（10）地动。水上浮动的塑料浮板，可移动，可行人、通车，也有预防地震的功能。

（1）活动（临时）　　（2）风动　　（3）动态　　（4）动感　　（5）声动　　（6）晃动

（7）摇动　　　　　　（8）浮动　　（9）助动　　　　　　（10）地动

4.2　透明与网格——铺装面的视觉

（1）网格面

多由钢材、塑料、木材制作，而在动态体验或作为娱乐用途时，则可改用软质材料，如绳索。承载面上下空间流动、少灰尘、不易积水。此外，网格面也适合在鸽笼、石笼等生产场地中使用。

休闲的场地（软）　　　　　　　　人行的场地　娱乐攀爬　生产栈道　安全构造
　　　　　　　　　　　　　　　　（硬）

（2）透明面

以玻璃铺设的栈道、滑坡、悬空平台、高层透视窗等，有彩色、碎裂、3D等多种类型。标识、小品、阳光房等的曲面多用亚克力或阳光板。

透明的玻璃面　　3D的玻璃面　半透明的面　全透明的天空之境　镜面倒映的走廊

4.3　照明与光线——铺装面的虚实

（1）投射面

投射面是构成铺装夜景的主要因素，有时甚至成为一种独特的娱乐载体。对于一座城市来说，无论是投射灯、无人机灯光秀，还是建筑装饰灯，它们都是一张张亮丽的名片。

投影广告面　　　投影装饰面　　　　上海外滩日景、夜景比较

（2）反光面

反光面指光在面上反射，也指光源在表面产生的反射光线。在古代，水面就如同天然的镜面一样。

反射的光线　　　　　　　　　　光线的反射　　　　　　　　　反光产生的景

（3）阴影面

阴影是虚拟、灵动、临时的影像。王维有诗云："独坐幽篁里，弹琴复长啸。深林人不知，明月来相照。"不能忽视阴影，它是形成、加强园林景观的重要手段。

在杭州园林之中，胡绪渭老师讲解曲院风荷牡丹园梅影坡的铺装时，用"暗香浮动月黄昏"来形容，诗韵自然而来。

横树、椰树的配石不同（三亚）　　　　　　上下呼应（廊架）　　　　讲解阴影

（4）朦胧面

谷崎润一郎说："美，不存在于物体之中，而存在于物与物产生的阴翳的波纹和明暗之中，明珠置于暗处方能大放光彩，宝石暴露于阳光下则失去魅力。"我国传统园林中也有这样的禅意，如四川广安坪滩镇低坑大瀑布栈道就是典型代表，其吸引力在"朦胧"。

阴翳景观　　　　　杭州径山寺庭院（陈静相）四川广安坪滩镇低坑大瀑布栈道

阴湿的环境易产生苔藓、水生植物，阴影都是一种似雾的朦胧景观。

铺装苔藓面　　　　　　　　阴湿的铺装　　草地上阴影　　水生植物

（5）黑暗面

杭州城市照明提出：道路该亮就亮，让市民安心行走；天空该黑就黑，让动物好好睡觉。这显示出城市管理者对自然生态认识的显著提升。对景观设计来说，要形成由暗向明、豁然开朗的绿化意境。

豁然开朗　　　　暗中亮点

4.4　水景与水体——亲切无间的水

4.4.1　倒影水雾景观

（1）水上倒影面

当水姿为静态时，出现虚拟的水景倒影面。安庆独秀园，在铜像前布置一口方池，寓意历史是一面镜子。

一面镜子，淡泊明志　　　　静态水景倒影面（晴天）　　静态水景倒影面（夜景）

（2）迷离的水雾

泉州丝带公园大门的人工喷雾，起到小中见大、朦胧边界的效果。我国台湾地区台北市动物园利用冰雾表现极地动物习性，法国里昂热尔兰公园制造云雾用于儿童嬉戏，俄罗斯的天然雾气用于避暑。各有不同。

泉州丝带公园大门　法国里昂热尔兰公园　云雾弥漫是一种寓意　栈道喷雾

（3）潮汐的影响

黄河流经壶口时，河床宽自400m骤减至40m，瞬间落差约20m，百流竞汇，涛声震天，被誉为中华民族不屈不挠、一往无前的象征。

黄河水雾对黄河公路桥体腐蚀非常严重，且受地球自转影响，水雾集中在桥北，导致北向（陕西）用加厚钢结构，南向（山西）用水泥混凝土结构，产生了"一桥两制"的特殊景观。

浙江钱塘江潮汐为人熟知，每年都吸引着大量游客前来观潮。

气势磅礴　　　　　　　"一桥两制"　　　　　　浙江钱塘江潮汐　　　　防潮防滑

4.4.2　水体面上景观

（1）水上阡陌

在浙江丽水的水坝处，堤顶之上，农夫牵牛过河如田间的阡陌交通，质朴悠然；而堤坝之下，水流汹涌澎湃。这一动一静、一缓一疾，也是一种具有视觉冲击力的对比景观。

（2）水上塑像

浮雕有一部分在浅水下或洁净水底，最为奇妙的是激流从石塑身上翻越而下，水姿激励。

水上阡陌　　　　　　　水上的景观（俄罗斯）　　　　　　　　　水下的景观

（3）以水为路

以舟代车，古今中外都有。作为景观，应充分发挥水路和植物环境紧密相连的独特优势，有的封闭，有的开敞，有的隐现。

著名的泰州大纵湖水上乐园，芦苇滩涂做迷宫布置，就是以水为路。芦苇迷宫有33个岔口、66条水道，构成八卦阵，让轻舟盘桓其间。以落叶乔木、草本植物为主体，应考虑冬态季相。

淮安水上森林景区在三杉（水杉、池杉、中山杉）中设水道，竹筏走一圈约20min。让人赞叹的是，景区抓住每种杉树的独特特征，同种类树做出了不同的景观。

上述景观布置的关键在于选择耐水乔木品种，就耐水性而言，从强到弱依次为：落羽杉＞池杉＞垂柳＞水松＞枫杨＞榉＞乌桕＞重阳木＞广玉兰。仅供参考。

广西盛产沃柑，运输沃柑最省力的是走"水道"的人力牵引船。

彩色缤纷路（泰州大纵湖）　　　泰州千垛景区　　运输沃柑的船

（4）威尼斯水路

威尼斯水路曲折富有诗意，以水为路，以虚代实，是一种有趣的做法。但是在狭窄小店并不整齐干净，偶尔也会"水漫金山"成汪洋。

以水为路　　　　以舟代车　　　　狭窄小店　　　　"水漫金山"

威尼斯在意大利，但"威尼斯"在世界多国都有。上海威尼斯小镇有230余米长，临近开业已车马盈门。是什么吸引力使其如此长盛不衰，引得人们再三进行规模仿造呢？每处是否有新的创意？这值得研究。

威尼斯（意）　威尼斯大酒店　威尼斯大酒店（澳门）　　　威尼斯风情水街（河北）　　威尼斯小镇
　　　　　　　（美国）　　　　　　　　　　　　　　　　　　　　　　　　　　　　　　　（上海）

贵阳CoCo新天地的唐人街的穹隆天幕，风雨阴晴呼之即来，甚至与飘霜降雹不期而遇，比"威尼斯"进了一步。这类风景多人造仿天然。

贵阳CoCo新天地唐人街的穹隆天幕

（5）廊桥一梦

湖北恩施狮子关浮桥，长约500m、宽约4.5m，浮体主要由高分子聚乙烯建造而成。顺应水流方向的弯形栈桥没有桥墩，看上去"有智慧高级感"。

廊桥一梦　　　　　单向道木塑地

4.4.3　过水路面景观

（1）过水路径

① 过水路段。山麓公路的过水是一种景观素材。过水路段是因道路地势高低起伏，有水一侧不便于设泄水管排流时，从而设计成让水从路面溢流而过。

车辆从流水路面经过　　　　　　　　涉水过路　　同济大学三好坞

② 动态平衡。升降水面，退潮时为防滑地面，涨潮时部分铺装为水下面。上海共青森林公园有这样的石"汀"，急流和静水的情趣不同。有人把路桥结合，下有泄水孔，上为反凹路桥面，可谓独创。

景观设计中的平面铺装

公园水溪汀

路与下溢水

路与上溢水

（2）水下公园

2021年，受雨水充沛影响，济南泉水出现壮观喷涌景象，百脉泉公园内泉水四溢。也有人按此想法，设计了深受儿童欢迎的水下活动场地。

济南趵突泉

欣赏玩乐

百脉泉公园

泉水喷涌

水下桥面

儿童活动、成人赤足，水中铺装面可否为森林公园之一景？上海世界博览会曾有此项设计，如同"水漫金山"。

水上铺装

赤足游戏

儿童活动

水上尽兴

（3）广济寺古桥

潮州广济寺古桥全长518m，历经800余年，晚上中段浮船开启，被戏称为现实版"过河拆桥"。这是传统建筑技术与动态景观的完美结合。

潮州广济寺古桥　　　　　　　　　　　　　　　中段浮船开启

（4）水下通道

除了人行道外，在水中驾车奔驰也别有趣味。水下铺装要防滑、基础稳定，要有分走、避让支径，当然，最重要的是控制水深，并设置醒目的界限标志。如新沂桥在夏天淹没时，就化身为"水上公路"，它也因此号称江苏最美水下公路。

江苏最美水下公路

有的利用堤坝不影响溢水，有的规划部分水下通路，有的是雨季临时没于水下，还有个别情况特殊，需开全地形车行进。

大客车水下行进　　可可托海　　全地形车在水中行驶

（5）格伊斯通道

格伊斯通道（Passage du Gois）位于法国，是博瓦（Beauvoir-sur-Mer）滨海连接到外岛Noirmoutier的一条公路。来往的车辆需要等待海水退潮、道路"分海"时才能通过。过水路面长2.58

景观设计中的平面铺装

英里（约合4.2km），一天之中仅早晚各有一小时左右露出水面，其余时间均淹没于约4m深的水下。早在1701年的地图上便已标记了这条道路，1840年允许骑马、通车，被冠以"疯狂公路"之名。现虽已建桥，但凭借其强烈的刺激性与探险魅力仍吸引着大量人流纷至沓来。为此，通道中设有安全岛、标志，但不限速通行，因此每年还是有不少车辆不慎被海水冲走。

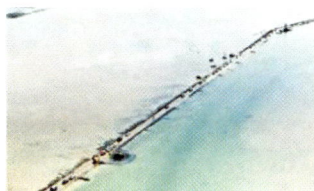
疯狂公路

水畔行驶

潮水退去

显露公路

设安全岛

限速标志

目标界线

发生事故

类似格伊斯通道的风景不少。在法国的圣马洛海滨有一条暗礁上的道路，通往一个名叫"大贝"的无人小岛。潮来是海，潮去是路。利用地形作为特色景观，会给城市带来意想不到的活力。

潮水上来是海

潮水退去是路

（6）简易浮筒

有人计划搭建水上平台，最初的设想是从打桩架台的方式入手准备；经过多次考量后，最后认定收集废塑料桶来搭建，在其上铺板，既快又省。实际上，塑料码头、浮桥已有定型产品。

水上栈道　自创水上平台

成型塑料码头

4.4.4 裂水路面景观

（1）摩西桥典故

基督教《圣经》记载：公元前1446年，摩西率子民出走埃及，前遇红海阻挡。这时吹来强风将红海一分为二，让众人行走，却把后面追来的埃及人淹没。此事经专家实地勘察验证，发现不少遗迹遗物；艺术家也创作复原出此场景。"摩西"之名出于此。

艺术家复原展出　　　　　　　　　　　　　　　遗址遗迹

（2）荷兰摩西桥

外国也有下沉式通道。300年前，荷兰为抵御外敌，用当时最好的木材在水下建造了一条隐蔽的通道，名曰"摩西桥"。

现代"摩西桥"的各角度（荷兰）

（3）崇明"摩西桥"

同样的景致在崇明的东平森林公园也有。

玻璃拉近间距，但水质需优

（4）水中漫步

上海彩虹湾公园（虹湾绿地一期）的水池有雨水蓄渗、滞留、净化作用，水中有一条下沉式通道，人行其中如在水中漫步，饶有兴趣。

各角度的水下通道（上海虹口）

（5）穿水而骑

比利时林堡省有条自行车道下沉穿过湖中央，车道全长212m，宽3.5m，最深处1.6m。车道与湖景统一，穿行者可与水亲密接触。水中自行车已经从水面上发展到穿水而过，也成一景。

水面下自行车道   水面行车（20km/h）

4.4.5　水下铺装景观

（1）水下的阶坡

从阶坡入水，渐增的漂浮感油然而生，全身自主压力得以释放。这其中，有一部分是出于景观的提示和装饰的需要。

入水缓坡　　　　　　　　　阶缘铭字

在水中设计漩涡等水姿时，铺装需有变深、变向的配合。为安全起见，当水深≥0.5m时，多数水下阶地要有明显标识；水下为缓坡，坡度大于1/18且小于1/12时，表面应防滑且不宜突变。唯有动物园养殖池可能是双向坡。

下水台阶　　　　　　全阶为壁　　　　　阶上溢水　　　　　　阶成躺椅（捷克）

（2）水底装饰面

水底是一种特殊的、有限制的铺装面。游泳池、浅水池水质优良，常见池底图案及深度安全标志。细腻者有马赛克图像延续至侧面。

养老院中设计活跃的浅水池　　　水池的安全标志　　　　游泳池的水边艺术　　　　水下马赛克花纹

（3）水中的运动与嬉戏

水中运动与嬉戏的形式多样。

各种水中运动与嬉戏

（4）水上的景点

我国有放河灯的传统习俗，现在"小黄鸭"已流遍全球。

水上景观　　　　　　传统河灯怀念

（5）水下的空间

同济大学中法中心有此局部设计。水下和自然空间隔绝，安宁又平静，带有一种神秘感、朦胧感。

同济大学中法中心水池下方的大厅　　水池上面中的园窗　　　同济大学中法中心水下建筑面

有人以绿茵代清水，使景观与大地亲密无间，更易感到自然静谧与和谐之美。也有类波水面。

以绿代蓝（上海）　　　　　　　　　　　　　　　　　亲密大地　　　类波水面

联想到日本枯山水，以沙示水，以石为山，极富禅意。"以绿代蓝"，进一步就是美化绿地纹理，让人与自然融为一体。

以绿代蓝　　　　　　　　　　以蓝代绿　　　绿地纹理

4.5 "科技"道路

4.5.1 发光设计

（1）荧光路面

英国剑桥Christ's Pieces公园的一条小径，喷上了一种代替路灯的夜光喷雾，新颖又省电。北京世园会上海园的"云桥"路面，采用了自带发光体的荧光石，颠覆了传统的发光油漆涂装手法。这种荧光石能长久保存发光，开启了"星空地面"的创新篇章。

荧光路面（"云桥"）　荧光路面（英剑桥Christ's Pieces公园内的一条小径）

（2）星空铺地

北京世园会游客中心庭院沿用了星云铺装设计，地面砌筑仿照九寨沟毛石墙做法，以此引导人群的流动走向。

天空星云　　　　　　　　引导人流亲水体验

（3）发光电砖

南通大学科研团队研发的发光电砖，已经在二十多个城市的道路中使用。该地砖能适应从80℃到-40℃气温，采用的是24V直流电压，安全无眩光；同时，该地砖不但有色彩变化指示，而且带抓拍识别系统，受到一致赞誉。

发光电砖的效果

4.5.2　发电路面

（1）光伏公路

全球首条新型光伏高速公路试验段于2017年12月28日在济南建成通车。项目由山东光实能源有限公司施工，承载科研目的。2018年1月2日，路面遭破坏。路面透明混凝土摩擦层被切开一道宽度为10～15mm、长度为185cm的口子；另有7块光伏路面组件被重击、腐蚀。因此，新科技的防盗也要跟上。

（2）发电玻璃

目前，世界各国都在积极探索"发电玻璃"技术。美国斯坦福大学预测，在不久的将来，整个陆上交通运输将逐步转向电气化。我国已成功研发的碲化镉薄膜太阳能电池，又称"发电玻璃"，单块玻璃尺寸为1.2m×1.6m（面积达1.92m²），年发电量270kW·h，光电转化效率17.8%。倘若以全国玻璃幕墙400亿m²计，取其10%使用率，其发电总量等于建3座三峡水电站的发电量。

（3）玻璃钢制太阳能发电瓦片

玻璃钢制太阳能发电瓦片年发电量约400kW·h，可实现用电自由，无缝隔热，防水防雹，强度是普通瓦片的3倍，有透光与不透光之分。

太阳能发电瓦片

（4）绿色电树

更奇妙的是，有的用发电板做成树叶形状，成为一种新潮景观。

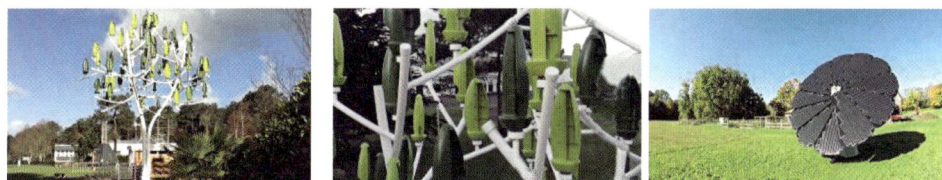

树叶状发电板　　　　自动旋转的电板

（5）携带发电

我国有人发明了一种戴在腿上的发电装置，可利用行走时产生的动能为随身携带的健康监测仪充电。

4.5.3 感应充电

以色列计划选择一条约800m长的公交线路，进行路面下无线充电技术的"感应充电"测试。结果表明，只要携带这种设备上路，永远不必停车充电。现代科研已有通过地面传输能量驱动汽车，说明铺装的功能是在发展的。

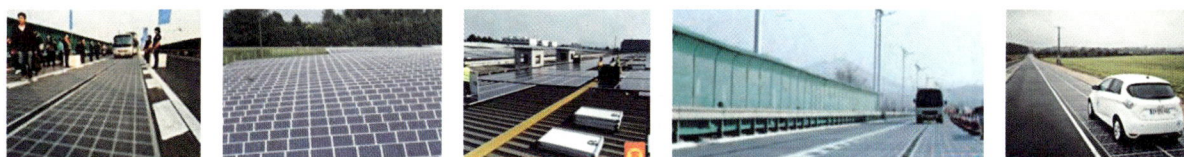

"感应充电"测试　　太阳能发电玻璃　　移动充电技术　　建成的光电道路　　　不必停车充电

4.5.4　帕维根脚步发电系统

帕维根脚步发电系统于2011年10月在英国街头亮相。行人踩踏地砖时产生能量的5%将被收集，用于点亮地砖中央的一个LED灯，每块砖每小时平均产生2.1W的电能，可让LED灯闪烁30s，发出淡淡的光。其余95%的能量会储存在地砖内的锂离子聚合物电池中，最长可储存3天，用来给街道上的街灯、显示屏、信号灯、扬声器等诸多低功耗设备供电。

地砖的绿色表面是用回收再生的旧轮胎制成的，内部压电元件使用的是再生铝。发光地砖在使用寿命期限内，至少可耐受800万次踩踏，极限为2000万次踩踏，预计使用寿命5~20年。

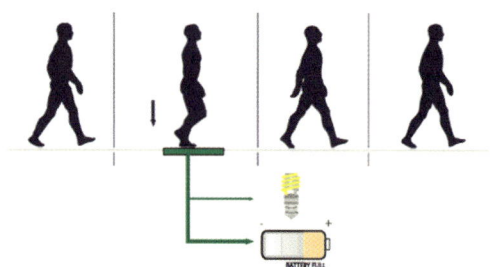

发光地砖原理　　　　　　　　　发光地砖图片

此前，日本发明家速水浩平也曾发明发电地板。速水的发电地砖每块面积50cm^2，踩一下能发出0.1W的电量，可以点亮地板周围50~100个发光二极管灯泡。速水表示，发电地板的诞生将改变人们对于可再生能源的理解。

4.5.5　裸眼3D技术

东京新宿街头出现过一只超逼真的巨型三花猫。据专家介绍，它通过3D技术显影在大型广告牌上，这个广告牌其实是一个8K弧形显示屏，安装在这么高的地方，人眼双目的视差已很小，使其看起来更像是真的。

智能地板、4K高清智能网络防爆电视等，都可择地而用。

裸眼3D　　　　　　　　裸眼3D（不适宜）　智能地板

景观设计中的平面铺装

4.5.6 斑马线

使用下述设施，有让科技亲密接触大众的新颖感。

（1）虚拟信号

俄罗斯研发出一种辅助道路交叉口通行安全的虚拟信号器，通行间隔时间一目了然，平常对交通设施无影响。

虚拟斑马线（俄罗斯）

（2）立体感应

随着电子科技的发展，又出现了自动感应的立体人行横道线，堪称"最霸气"斑马线。

乍看只是非常普通的斑马线　设备快速感应　　　　黄色线竖立　　　　　　通行后自动复原

（3）强迫限制

有的则走向另一个极端，采用强迫限制的手段，而且还是机械地自动操作模式。但要应对人、车流混乱状态，既需制度规范，也离不开人力的协同配合。

车道封闭　　　人行道封闭　　　混乱状态
（新建）　　　（新建）

（4）表面装饰

斑马线醒目的警示纹色也可作景观的一部分，需防滑处可采用陶瓷颗粒工艺。但不能喧宾夺主，只能用在避免人流车流拥堵的地段，且装饰要具象、简洁。

具象的斑马线表面装饰　　讲究形的表面装饰　　表面发光装饰（天津）

4.6 "音乐"道路

4.6.1 "声"景

自然界不乏"声"景，衡阳响钟山，有卧石丈二见方，立而跺之如钟鸣。我国传统园林在营造意境之时，多有对声色之美的描述。苏州耦园的一副对联极生动："卧石听涛，满衫松色。开门看雨，一片蕉声。"

《周礼·春官·大师》有对当时乐器的描绘："皆播之八音——金、石、土、木、丝、革、匏、竹。"

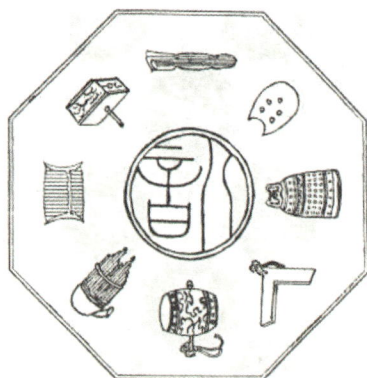

华夏礼乐八音

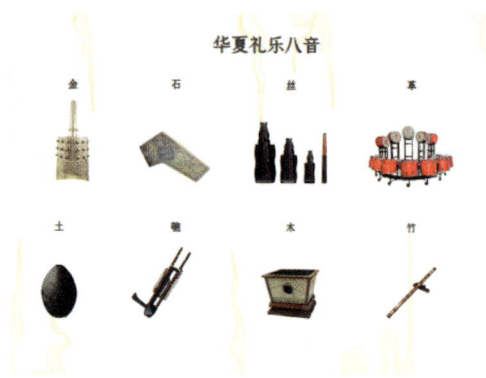

景观设计与市政管理对于声音有着不同的理解。例如，木板路上鞋跟的橐橐声、石屑小道上脚步的沙沙声，这类声音传递出自然的亲近之感，也是另类"乡音"，不是噪声。

国人认为节日钟声会带来好运，大钟往往被视作珍宝。美国费城的"自由钟"每到国庆日便会敲响，比如在1942年美国宣布自动放弃在华特权之际，当年即由中国驻美大使馆夫人敲响此钟。钟也常常成为城市的著名景观，在规划领域还形成了专门研究声景的声景学。

安徽歙县有种"响砖"路，走在上面会发出砖块碰撞的声音，原因是架空砌砖，并留较大缝隙，意在提醒行人。

　景观设计中的平面铺装

英国大自鸣钟　　　地位的象征　　　传统寺庙钟阵　　　撞来一年的好运　　　　　砌空砖噪声

4.6.2　化噪为乐

北京丰台区有一段音乐道路，全长270m，宽近4m，汽车以40km/h驶过该路段，便会响起一段《歌唱祖国》的旋律。此外，已经研发出可说话的路面，如"请慢行""请注意"，有利于司机安全驾驶。窨井盖、减速带、斑马线都会在承压和通过时发出提醒声音。

北京的音乐道路　　　　　　　　　　　　　　　　　　　　　　日本的音乐道路

4.6.3　音响功能

不同的活动场景对铺装的音响效果有着不同的要求，例如跳舞表演、拳击比赛倒地、武术跳跃和演讲比赛时所产生的声响效果，就十分依赖地板材质和扩音构造，它们对于增强现场表演效果起着关键作用。如音乐厅的混响效果时间（>25s），也与是否铺装地毯紧密相关。

武术表演用木板　　　摔跤的扩音效果　　　行人的脚步声　　　　音乐会音响效果

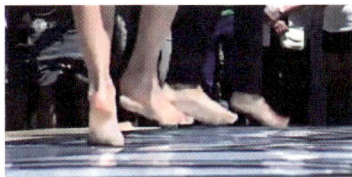

现代乐器不仅用于露天音乐表演，而且可运用到景观造型之中。其中以钢琴最为常用，阶与琴融为一体。

在绿地表演音乐节目

乐器做绿地造型

乐器台阶造型

　　大众汽车在瑞典斯德哥尔摩地铁站安装了音乐钢琴台阶，并调查了音乐台阶和自动扶梯的使用效果，结果是有66%的使用率。商场也常用音乐键盘做入口，既引人注目又新颖风趣。

地铁站音乐钢琴台阶

超市的钢琴风格入口

景观设计中的平面铺装

4.6.4 音花园

"音花园"是上海2021年新增的口袋公园之一，占地面积为970m²。这里既有凝固的音乐元素，用乐器和五线谱衍化设计路径，喇叭通过红外感应播放鸟鸣水声；又有天然的音响元素，微风下树叶沙沙声、卵石中流水叮咚声，自然与人工的音效相得益彰。上海徐家汇公园也有"星期音乐会"。

音花园　　　　　　　　　乐谱路径　　　　　　风琴廊架　　　　　　喇叭播乐

在公园里，以音乐符号做雕塑、花钟、小品、地坪图案的不计其数。并且，在安静区域常有播放背景音乐的要求。不过，想要以静态景物表现时间流逝并不容易。

雕塑　　　　　　　　　　装饰　　　　　　　　花钟　　　　　　　　地坪图案　　背景音乐

4.6.5 大师故乡

贝多芬故居没有任何明显标志，在大师走过无数次的"贝多芬小路"上，只是多种植了些花草植物，没有丝毫喧哗之感。而上海音乐学院里的贺绿汀纪念碑，造型独特，为五线谱模样。

贝多芬像（上海文化花园）　　　　　音乐家巴赫墓碑花圈（德国莱比锡）　　　音乐之神雕塑

4.6.6 深化升华

音乐五线谱、琴键、乐器图案等元素要想与周边环境、功能相协调，必须细化，提升其造型蕴含的意义。河北北库镇钢琴博物馆，用块状红砖加钢材构件建成，让阳光成为跳动的格栅，并以88个孔洞象征琴键。

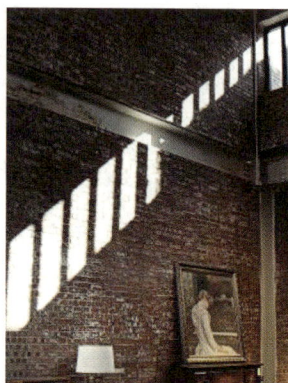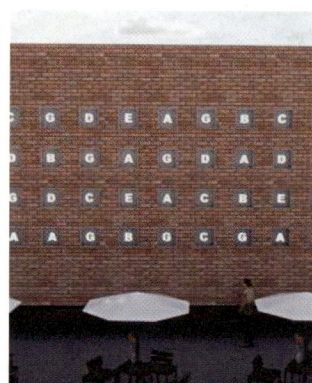

北库小镇钢琴博物馆　　　　　　　　　　　　阳光成为跳动的格栅　　88个孔洞象征琴键

铺装从"动态"功能开始，要控制噪声，直至窨井盖、减速带等的构造，避免粗糙地直接模仿。

直接的音乐符号（上海）　　　粗糙的模仿　　　　　窨井盖发出提醒声

第 **5** 章
承载人文景观

　　地坪除了其铺装本身的设计创作价值外，还是承载历代人文景观的重要载体。

　　文化是精神价值和生活方式的共同体，是一种时间的"积累"，会随着历史的发展而移风易俗。我们要重视历史遗迹，文化和心理都是景观设计中极为重要的元素。以下所谈包含历代痕迹、遗训、传说、风俗等，为国内外民众所喜闻乐见。不要小觑意识形态的作用。"抓铁有痕、踏石留印"，仅用几个字就把块石料特征表现出来了。

　　《左传》中说"柔远能迩"，外国也有"软实力"（soft power）的说法，都说明创作必须"刚柔兼施"，甚至"柔可克刚"。

5.1　六尺巷让地——精神

　　"仁义胡同"源于明清，在此居住的官员家仅有一墙之隔，为百姓出行方便，各退让一墙，成六尺胡同。四句诗："千里来书只为墙，让他三尺又何妨？邻里应重仁和义，莫借吾名做强梁。"这段历史至今仍有深刻的教育意义，许多地方有此记载。仁义胡同又称"六尺胡同"，位于山东省聊城市东昌府区东关大街111号傅斯年陈列馆（傅氏祠堂）东邻，长约60m，宽2m（即六尺）。六尺巷位于安徽省桐城市，现为国家3A级旅游景区。巷道两端立有石牌坊，上面刻有"礼让"二字。

石皮弄现状

巷道石刻题字

"六尺巷"精神，就是互让、和睦、和谐。车来人往无须抢道，"让他三秒又何妨?"如能成为驾驶者的共识，这将是一个多么温馨的画面。

5.2 山西大槐树——乡愁

凡是漂泊异乡的人，都知道山西洪洞大槐树:"问我故乡在何处，山西洪洞大槐树，祖先故居叫什么，大槐树下老鸹窝。"自明初以来的50余年，山西移民集中经过洪洞县。晚秋时节的移民，见到广济寺的驿道、凋落的大槐树和醒目的老鸹窝，一步三回首渐行渐远，不禁潸然泪下。这是寄托乡愁的路。天长日久，作为故乡符号的广济寺和大槐树，永远沉淀在移民后裔的记忆深层，竖碑立碣，编古大槐树志。至20世纪80年代，寻根问宗，文化日盛，1991年起每年清明举行洪洞大槐树祭祖节，给大槐树挂满彩带，成了同宗共族天下一家的风景线。

东晋陶渊明在《归园田居》中有"羁鸟恋旧林，池鱼思故渊"，不希望出现曹操诗中"月明星稀，乌鹊南飞。绕树三匝，何枝可依"的冰冷感觉。每一个人都留恋故乡的田野风光，有返途归宿的愿望。

山西洪洞大槐树

挂满彩带的大槐树

5.3 自然石镌刻——遗迹

5.3.1 城市石镌刻

我国绿地、园林中天然石景甚多。在城市繁华喧嚣的环境中，点顽石一二让人联想起源泉万斛，滋润犹念。在大自然生活之中，以物求情趣:"虽一拳之小，亦能尽藏千岩之秀"。

点铭石

灯笼石

塑像石

流水石

起伏的山石小品

景观设计中的平面铺装

"石不能言"，带来"寂静"，这正是生活在喧嚣都市中的人们所追求的。庄子讲："夫虚静恬淡寂寞无为者，天地之平而道德之至。"静是一切运动得以发生、万变不离其宗的源泉。

树林中的石　　　　　　　　　石上浮雕　　　　　　造型的园石　　　　　散布的石

经历长期的沉积，以及物理、化学、生物之侵蚀，石的历史与地球同步见证了"天地有大美"。囿于城市生活方式，石在沉默中会给人心理上带来一种安全感。

南普陀寺遗迹（中国厦门）依山而存（中国西藏）撑船孔（中国福建）巨石阵（英国）　　石纹理

江西上饶摩崖石刻的"福"字、黄山玉屏景区内约四百级台阶命名的"好汉坡"，这些都是景区控制点标志。摩崖石刻有浓郁的地方特色，尤其是废弃矿山以石刻题名修复，变废为宝，文化生态利在千年。

   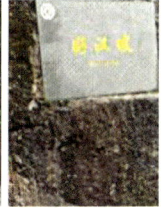

上饶摩崖石刻　　　　　　　　　　　　　　　　　黄山的"好汉坡"

日本庭院中石景名目繁多，《山水图》中有名石48种，《梦窗流治庭》有105种，这都表明历史上日本有过强烈的石神崇拜心理。但是日本多见土石、组石，少有我国石块叠垒的假山。

5.3.2　戒石铭

我国立石戒谕的历史悠久。福建武夷山崇安县旧衙遗址有石碑上刻圣谕"尔俸尔禄，民膏民脂，下民易虐，上天难欺"16个字。这是宋太宗对地方官员廉洁奉公的戒谕，要求立碑于官府的厅事之南，永志不忘！据统计，《戒石铭》全国共存世60多方。

碑于今并不过时，甚是至为适用。其他的警言、戒谕，同属此类。

《戒石铭》（宋）　厦门南普陀寺　大爱无疆　　　历史记录
　　　　　　　　的"佛"

5.4　山水的品格——风骨

5.4.1　七步诗

三国时期的才子曹植常"登鱼山，临东阿，喟然有终焉之志"。山东东阿子建祠在隋碑亭与曹植墓之间，有一条仅长七步的弯曲青石板路，此处诞生了那首著名的诗句："煮豆持作羹，漉豉以为汁；萁在釜下燃，豆在釜中泣；本自同根生，相煎何太急。"

5.4.2　卢沟桥狮子

卢沟桥是中国人民永世难忘的抗日战争纪念地。卢沟桥石狮子形态万千，关键在于大狮子身上或现或隐、神出鬼没的小狮子难以数清。1736年乾隆皇帝到此，也不曾数清狮子数。至1961年，文物工作者才数清是501只。这也是一段美谈，引人入胜。

卢沟桥　　　　　　　沧桑的桥面　　　　　　数不清的狮子

5.5 锁住爱情桥——言情

中外有很多与广场、路桥、山崖有关的传说、寓言、吉祥物，也是一种人文景观。

5.5.1 爱情隧道

乌克兰东克莱旺小镇原木加工厂铺有专用轨道，每天有3列火车经过。火车慢行，甚至会礼让游人。轨道已被枝叶四面包裹，像绿廊地毯，每季景色不同。相传真爱之人在此拥吻便会永不分离。

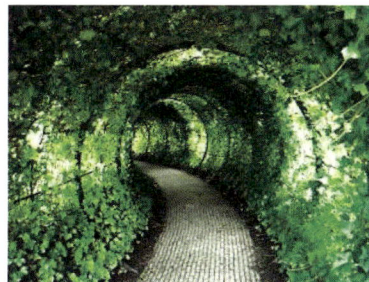

乌克兰爱情隧道　　　　　　　　　　永不分离　　　　　　　　　　人去廊在

5.5.2 爱情锁

德国科隆有一座著名的教堂，情侣们在耶稣面前许下誓言，走到1911年建成的霍亨索伦古桥，挂上刻着名字、象征永恒的锁，把钥匙扔入莱茵河，自2008年以来累计有16万把钥匙被扔入河中。这一风俗与我国相同，很多景观、路桥、山巅、平台都有"爱情锁"。

巴黎艺术桥　　　　　　　　　　中国古桥同心锁　　　　　　　　　　意大利爱情锁

我国红白喜事习俗各地不同，有的场面非常恢宏，如浙江宁海的十里红妆婚俗为国家级非物质文化遗产，必须留足预备空间以供表演。

聚会时全镇摆宴席和坐禅   宁海十里红妆表演

5.5.3 时尚"内衣墙"

世界之大，无奇不有。在新西兰卡德罗纳谷，据说在1999年的一个夜晚，山谷的栅栏上突然出现了4件内衣。有人说这是4个喝醉酒的姑娘搞的恶作剧。路过的人们看到之后觉得很有趣，于是，越来越多的人开始效仿，久而久之竟形成一道"内衣墙"。对此"新创风景"众说纷纭，争议颇大。

新西兰卡德罗纳谷内衣墙

5.6 殷切的朝拜——祈求

作为大地的一小部分，铺装遗址上人的活动无奇不有。

5.6.1 康健的"理疗床"

北京天坛的丹陛桥是祈年殿前的大道，因下方有涵称桥。道长360m、宽30m，分为三条石道，东侧"御道"祭天时专供皇帝走，西侧"王道"供王公贵族走，中间是汉白玉"神道"，供天帝用。使用者身份要求非常严格，绝不含糊。殊不知到了现代，风传在汉白玉石上俯卧能治妇科病，躺立能治腿疼，比针灸还好。因而，有段时间一入夏天，就有人横七竖八地躺在神道上，把神道当作"理疗床"。这种说法是毫无科学依据的。

1933年的祈年殿   殿前大道   汉白玉"理疗床"

5.6.2　硬币许愿池

意大利著名许愿喷水池内存满银币，要定期收集，供市政公用。这种习俗我国也有，也有用"抽签"的方式。

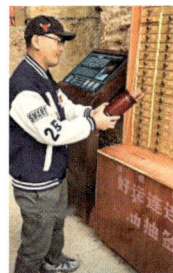

意大利许愿池　　　　　　　投入硬币　　　　　　　　　　　　　　　抽签

5.6.3　印度的神牛

印度乌贾因地区在排灯节之后的"断食日"，教徒们要趴在地上让200多头牛从身上踩过，以此祈求来年好运。

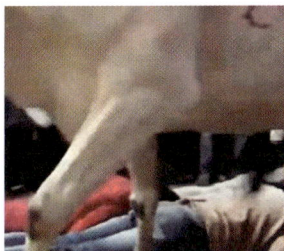

200多头牛要从身上踩过

5.7　"摸与转"——习俗

这是一种对吉祥物抚摸、转圈以取得好运的习俗。如乌龟的头、神明的灯等。巴黎索邦大学附近的蒙田雕像，人们喜欢摸雕像的右脚。这里有祈福者的用心、政策的导向及管理者的规定。只要心智离开农耕时期的宗法社会，就成为"奇风异俗"。从生物学上说，人体皮肤布满神经纤维，五分硬币大小有25m长的神经纤维。通过触觉传递信息，能使失去感知世界能力的人得到触摸的温柔，是人体生物学的基础。

四川平武报恩寺的明代"转轮藏"，高11m、径7m，只要用手指轻轻一推就会转动，是木构机械的罕见珍品。这些遗留习俗经历代流传，在当地约定俗成。

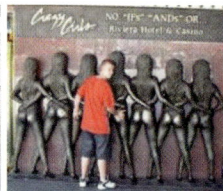

摸得光亮的右脚　　　　　经常被人抚摸的乌龟、狮鼻、衣裳　　　　转轮（西藏）

　　摸与转有参与性，只要不影响公序良俗，则无大碍，也无须宣扬，还可成为一种趣味景致，国内外都有，却颇有趣。

5.8　街畔露天座位——议论

　　欧洲诸多城市街头巷尾的露天咖啡座代表"法式生活艺术"。大文豪巴尔扎克曾说"咖啡馆的柜台就是民众的议会厅"，法国大革命、启蒙运动、存在主义思潮等从这里走向社会。这里也留下许多传奇故事，第六区花神咖啡馆就是海明威、乔伊斯流连的地方。

　　我国则是沿街摆放露天茶肆，在这里可以畅所欲言。

科尔多瓦（犹太人区）　　　　　欧洲常见咖啡吧　　　　　露天茶座（上海）

5.9　城市的名片——地名

5.9.1　文化的显现

　　地名与人民生活息息相关，存在于史书、碑刻、文学之中，蕴含着一个民族、地方或家族、个人的历史沿革，构成了地名情感、文化自尊。更换地名要敬畏历史、尊重文化。2023年6月，国台办发言人答记者问大陆和台湾有很多地名相关时说，这是两岸同源同根的文化联结，是两岸共有的历史印记。每一条路，都是回家的路。

5.9.2 城市的简称

交通道路名称一目了然很重要，如杭宁、杭甬高速。城市简称也与历史、地理、人文有关。上海称"沪"来自先民赖以生存的捕鱼工具，称"申"源于战国时期的春申君；广州称"穗"来自"仙人赠稻穗"的传说；重庆称"渝"来自嘉陵江古称；南京称"宁"取自"江南永世安宁"之意。要选定一个辨识度高又文质彬彬的简称并不容易。

5.9.3 公园的命名

据统计，在1949年之前，全国共有以"中山"命名的公园267座，是世界上最多的同名公园。至今全球尚存中山公园75座。1925年公祭孙中山先生的挽联"山名中山，城名中山，园名中山，中山不朽"是最好的说明。

厦门中山公园

俯瞰世界（原有）大门为正方料石

富有特色的大树地坪

5.9.4 道路的命名

《地名管理条例》规定命名应遵循"反映当地人文或自然地理特征""使用规范的汉字或少数民族文字"。以下简述几种命名依据和来源：

① 纪念历代人物。如北京纪念抗日英雄的道路有三条——佟麟阁路、赵登禹路、张自忠路。另外，历史上有名人物的故乡今已改名的，如常山赵云的故乡改名为石家庄，琅琊诸葛亮的故乡改名为临沂，幽州张飞的故乡改名为保定，介绍地域志时都要多加一份说明。

② 历史文化标志。唐诗宋词元曲往往与地名有联系。例如陶渊明的《桃花源记》，武陵不宜改为常德，当然这只是常德的元素之一。"徽"是一系列文化符号的代表，如徽菜、徽商、徽文化、徽派建筑等，不是单一地名。

③ 地理位置因素。三国吴主孙权始置建宁，取"建安宁边境"之意，抑或取东汉建宁年号为名。河东改名运城、建宁改名株洲，都与地理位置有关。

④ 淄博市黉大道。齐国稷下学宫系我国东周时期"百家争鸣"的中心，遗址在今山东淄博市临淄区齐都镇，穿过遗址的道路历来称为"黉大道"，入村门称"黉门"。黉在古代专门指学校，这个路名是历史留下来的蛛丝马迹。

⑤ 长期习俗。人们长期沿用的称呼亲切易记，不要随意遗弃。北京有一处知名的商业街，名为"大栅栏"。清朝末年北京民间流传着"头顶马聚元，脚踩内联升，身披八大祥，腰缠四大恒"，说的就是大栅栏的四家店铺。时至今日，大栅栏依旧是繁华街巷。

北京大栅栏

5.9.5 规划的痕迹

上海"绿瓦大楼"是20世纪二三十年代"大上海计划"的中心区市政府主要建筑，1930年奠基，1933年建成，共有8982m²，现为上海体育大学。大楼位于四条马路的交会点。为体现孙中山先生的五权分立思想，东西南北命名为：五权、三民、大同、世界路。除大同路未建，其余使用至今。

原飞机楼

中央大道

钟鼓楼

钟鼓楼拱门

这段历史饱含着上海城市沿革的底蕴，时过境迁，源远流长。最近利用其一侧建设杨浦图书馆，从外及内都得到充分利用。

飞机楼平面图

杨浦图书馆

内景

绿瓦大楼现状

《苏州古城街巷梳辨录》一书，对2000余年来苏州街巷布局、名称、老话、杂说等进行梳理。苏州最长的街道是7030m的干将路，最短的街道是阊门外7.7m的五福三弄。对城市历史的来龙去脉，要一清二楚。

5.9.6 命名的瑕疵

① 消失的老名。历史上曾出现种种霸气的有偿冠名，大、洋、怪、重的地名泛滥。

② "在迁徙"。著名主持人白岩松说：我一直觉得我们这一两代中国人是没有故居和故乡的，大家都在迁徙。经常看到父亲领着儿子，指着广场上的地砖说，你爸爸过去就住在这里……

景观设计中的平面铺装

霸气的有偿冠名

③ "哭老街"。2000年北京青年报刊载《冯骥才哭老街》一文。为了抢救保护老街，冯骥才组织百余位摄影师逐户拍照，实录当地居民口述，写了《老街的意义》："动了老街就是动了城根。"老街依然拆了又建。

过去的估衣街　　　　　现在的天津老街

"文化就是为未来的中国人保留故乡。哪怕你失去故乡，依然会在文化中知道这就是中国。"

④ 奇怪的地名。达米安·鲁德著的《悲伤的图集》一书收录了89个奇怪又阴郁的地名。如自杀大桥、亡女出没街、有去无回湖等。多数起源于地理大发现年代，起名的就是讲故事的人。"旧金山"成为20世纪中叶淘金者的代名词。"无形山"（南极洲又称错山）因为误估比例而得名。

5.9.7　外国的做法

① 美国的道路命名——数字+纪念。美国原高速公路以数字命名。州际高速公路是以1位数或2位数命名，州内的高速公路以3位数命名，乡村公路为4位数。标识统一，主路底色上红下蓝，再加上白色数字；普通公路绿底白字，一目了然。但数字化命名缺乏文化底蕴，现在一个方向用数字来命名，另一方向就用有纪念意义的名称来命名，如华盛顿市中心东西向的道路就用独立大道、宪法大道等来命名了。

② 多伦多道路命名——独特+急救。法律要求每条路名都必须足够独特，还要与历史息息相关，如"女友街""芝麻路"。而且紧急情况下要好发音，以免救护车、消防车跑错地方。多伦多大概有9600条不同名字的街道。

③ 欧洲古镇的保护——历史+科学。1444年葡萄牙国王阿方索五世在小镇奥比都斯举行婚礼，金童玉女的浪漫深入人心，小镇也获"婚礼之城"的美誉。很多葡萄牙情侣把小镇作为浪漫的场所、婚姻的起点。

凡是词尾为"丹"的地名基本上在荷兰，比如鹿特丹、阿姆斯特丹等，这个"丹"字是荷兰文dam的音译，系"水坝、堤围"的意思。瑞士有的街巷以星座命名，多年传承成为历史沉淀的一部分。西班牙有叫洋葱、李子、指甲、大拇指的城镇，目的是好记。

西班牙路名

5.9.8 留下"诗情画意"

追求诗情画意，首先要创造富有特色的优美环境，其次要有这种愿望。很多广场道路甚至以景取名，植物具有很强的代表性。画家韩美林设计雕塑《和平守望》，由菩提树（觉悟）、橄榄树（和平）、胡杨（生命）组成，蕴含着凤凰涅槃的东方寓意。但也有以讹传讹，例如樱花大道与日本并无关系，日本国花是菊花。

这是对"大道至简，悟在天成"最直接的理解。远近有美景，心中有把握，手要惜墨如金。这一思想在实践中不乏例子。

香奈儿的名言：永恒的秘密是简约、低调、保有最精髓的部分。

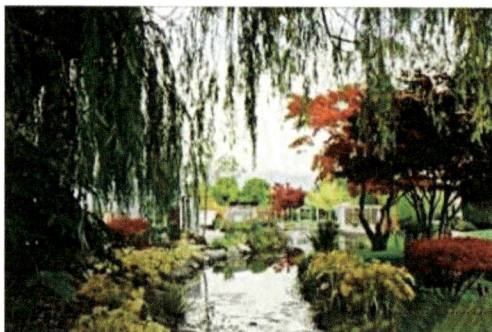

让人怀念的墓园（蓝可儿）

第6章

铺装的其他要求

除了生态、观赏、交通和承载之外，铺装还有防滑、弹性、反射、清洁、降噪、无放射性、无障碍设计等多项工程要求。

6.1 噪声的控制

6.1.1 声境分区

根据我国《声环境功能区划分技术规范》GB/T 15190—2014，对声环境功能区作如下划分：0类功能区，适用于康复疗养区等特别需要安静的区域；1类功能区，以居民住宅、医疗卫生、文化教育、科研设计、行政办公为主要功能，需要保持安静的区域；2类功能区，以商业金融、集市贸易为主要功能，或者居住、商业、工业混杂，需要维护住宅安静的区域；3类功能区，以工业生产、仓储物流等为主要功能，需防止工业噪声对周围环境产生严重影响的区域；4类功能区，交通干线两侧一定距离之内，需要防止交通噪声对周围环境产生严重影响的区域，其中4a类为高速公路、一级公路、二级公路、城市快速路、城市主干路、城市次干路、城市轨道交通（地面段）、内河航道两侧区域，4b类为铁路干线两侧区域。

6.1.2 声境标准

根据《声环境质量标准》GB 3096—2008，对上述功能区在时间段6：00～22：00、22：00～翌日6：00有相应的声环境质量要求。

6.1.3 低频噪声

地面因空调、电梯、水泵等引起的低频噪声（20～200Hz），长期存在对身心健康损害尤重，也要注意协调处理。

6.1.4　儿童噪声

2011年2月，德国联邦议会通过修改《建筑使用权法》和《噪声保护法》，明确规定，儿童吵闹属于自然声，不适用工商业噪声管制法律。可知从沙坑、幼儿园、儿童游乐场发出的噪声，一般不会对社会环境造成危害，应得到社会的容忍。法律保护6岁以下儿童吵闹的权利。

6.2　保洁与防尘

要意识到清洁、整齐是美观的基础。任何污浊都谈不上景观。

北京市公布《街巷环境卫生质量要求》《城市道路清扫保洁质量与作业要求》《农村街坊路清扫保洁质量与作业要求》三项地方标准。道路街巷的清扫保洁划分为三个等级。重要党政机关、外事机构和重要商业、文化、教育、卫生、体育、交通场站、旅游景区等公共场所为一级；一般公共场所及企事业单位周边为二级；其他为三级。关于路面尘土残存量，一级街巷道路不超过10g/m²，二级街巷道路不超过15g/m²。对废弃物在街巷的具体停留时间，一级街巷道路不超过15min；二级不超过30min；三级不超过60min。为了避免环卫清扫对早高峰等造成影响，特别提出了"错峰"清扫的要求。

  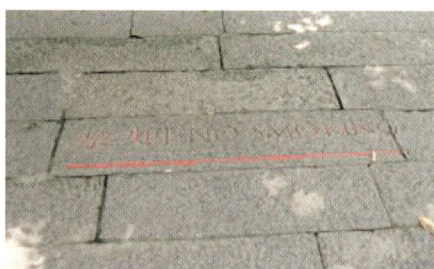

垃圾遍地　　　　设施配套　　　　　　　禁止吸烟

6.3　防滑与安全

6.3.1　统计数据

下面的统计数据说明，安全和地坪铺装、防护联系密切。

2012年上海市户籍人口中因跌倒致死有1982人，其中85.3%为65岁以上老年人，死亡率达68.6/10万。跌倒还导致大量不同程度的残疾或活动能力下降，并严重影响老年人的身心健康。

台风季节　　　雨后光滑台阶　　　地面标识（迪拜）

从学生伤害事故类型分析，骨折和摔伤居伤害事故前两位。事故发生地点统计显示，操场是发生学生伤害事故最多的地方，其余概率顺序依次为：走廊、车棚、教室、校外、厕所。易发生受伤事故的时间是雨湿、冰雪条件下。

| 地面积水 | 水景边缘 | 长阶分段 | 雨雪交加 | 地面光滑 | 崎岖不平 | 土方坍塌 |

6.3.2 表面防滑要求

当设计园路纵坡坡度大于12%（主干道／小路)、台阶梯道坡度大于58%时，或表面特别光滑，经常有水流淌，应考虑防滑，设计、施工时应注意。水泥混凝土路面抗滑性能应符合以下表面构造深度要求：

水泥混凝土路面抗滑性能应符合的表面构造深度要求

类型	快速路、主干路	次干路、支路
一般路段	0.7~1.1mm	0.5~0.9mm
特殊路段	0.8~1.2mm	0.6~1.0mm

非机动车道、人行道、步行街可参照执行。透水设计、合适的纵横向找坡，可加大路面排水量，但太长、太陡、占用人行道则不适当。

太长、太陡、斜坡穿人行道   电接口暴露

6.3.3 选择防滑做法

（1）选择铺装

纹理的光滑和粗糙，必然影响活动速度和方式。除了材料尺度大小、形态稳定，甚至表面装饰都与安全、舒适、通行能力有关。例如散铺沙土、砾石适用于慢行交通，适合休闲徜徉。

块料格缝防滑   疏散材料厚度适当   防滑范围清晰

要求极端耐磨的表面采用细钢渣做骨料，防滑性能超群，耐磨性是一般混凝土步道砖的一倍以上，景观上用不到。

（2）常见表面

① 玻璃金属类。依靠自身材料纹理加防滑设施，为防滑重点。

片状金属玻璃是重点　　　　　　　　　玻璃台阶防变形

② 石料类。配合原设计多以自身纹理防滑。

石料尺度纹理应既防滑又美观　　　　　　同原纹理不协调

③ 整体及粉刷面层，特别是长斜坡。依设计要求，结合排水做防滑面，有粉刷、机施、粘贴等工艺。

整体粉刷纹理防滑且排水　　　　　　　　贴面防滑

④ 瓷砖板材。设计时选防滑瓷砖品种，也时常见"自行创作"。

防滑地砖　　　　　　　　　老百姓"自行创作"的防滑

⑤ 其他。依设计要求，以自身材料纹理防滑。其中上海中山公园、复兴岛公园的弹街石最为成功。传统园林多块料，自身防滑。

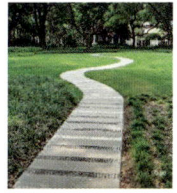

以自身材料纹理防滑   传统花纹   中山公园   复兴岛公园

（3）光滑面比例

地面光滑与粗糙的对比是一种景观，有时光反射更强于其他变化。从防滑、防跌倒要求出发，光滑面积应小于15%并分散布置，室外接触雨水冰雪更需注意，单块宜在20cm左右。

简单的光滑兼分格   复杂的光滑兼分格

冰岛伊萨菲厄泽小镇在道路交叉口布置3D画漂浮斑马线，意在提醒过路司机注意。在转弯角度较大处常设反射镜，也是这个道理。

6.3.4 硬化防滑

海南亚龙湾热带天堂森林公园山坡起伏，采用同种材料的光、毛两种弹街石交替，适应起伏防滑。

防滑+生态   同料两种弹街石（三亚）   石纹理防滑

整体混凝土面应符合设计要求。锯齿间隔、排列美观也大有讲究。

整体面层的美观大有讲究

把防滑条、减速带结合到板块排列、图案设计中，可美化成为一个"防滑装饰面"，是一举两得的佳作。

卵石防滑带（上海）　　　　　　卵石防滑条（苏州)　　　　三向防滑条（上海）

　　台阶踏板是防滑重点。防滑条除可提高视力辨认度、防止滑跤、减少磨损和地毯滑落外，尚可美化，其选料布置应含在踏板装饰图案设计内。防滑条一般宽40mm，距前端10mm。踏、踢板之间宜做半径大于6°小圆角。

踢面板防滑漏水　　　　不锈钢泄水防滑　　　宽狭及长短防滑条　　　　　　带装饰带防滑条

　　市政路、车行道也是同样道理。减速带使行车颠簸且变缓，而纹理合情理又不显突兀。到过澳门的人对此都有深刻印象。

澳门街道上的坡道

6.3.5　存在的问题

　　防滑条在边缘可左右交错，或只做局部。但整体必须均衡，不能七倒八歪、缺角断臂，不作为图案来处理。

左右交错　　　　只做局部　　　　七倒八歪　　　　　　　缺角断臂

6.3.6　防滑剂应用

有防滑涂料、贴纸、胶水三类，都可增加地面摩擦力，防止滑倒。防滑涂料适合室内地面，如楼梯、走廊、厨房等。防滑贴纸和胶水可在室内外使用，如楼梯、台阶、廊道、车库等。防滑胶水在地面上形成一层防滑膜，防滑贴纸直接粘贴在地面上，易于安装和更换。

（1）防滑胶带（防滑贴）

防滑胶带（防滑贴）的耐久性和耐腐蚀性好，同时具有较强的防水、耐高温和抗紫外线性。防滑胶带常用于整体、板块等的防滑。使用技术参数如下。

防滑胶带（防滑贴）使用技术参数

产品编号	总厚度（μm）	粘结强度（N/mm²）	抗张强度（N/mm²）	断裂伸长率（%）	特征
Teas防滑胶带	700	6.75	96	200	耐温范围 $-100 \sim +500℃$

注：Teas防滑胶带（防滑贴）从各种表面上被揭起都不留残胶。

（2）水泥地面防滑剂

水泥地面防滑剂适用于水泥、水磨石、金刚砂水泥等表面光滑易滑倒的地方。特点是能分解水泥砂浆的压光面。具体操作如下：①喷洗刮干地面水渍，取防滑液稀释后均匀涂抹，5min后用清水冲洗。②水泥砂浆坡地可把原液喷涂于表面，5min后用大量清水冲洗。③大面积使用可先试用调水比例，防滑液勿与金属材料直接接触。

（3）木质等板材防滑

地板快速防滑液适用于光亮的大厅及走廊，室内使用效果最佳，如硬质木地板、玻化砖、塑料地面、油漆和环氧树脂地面。其中90nm防滑液体的光亮度、耐久性、耐玷污等指标均达到国际标准，属无毒性非易燃品。使用方法如下：去除旧固体蜡，干燥后涂刷防滑液2～4道，以薄为佳，上后道前，必须等前道干燥，干燥时间为30～60min。木地板上色：如有要求，可在防滑液中调入水溶性颜料。

日常保养：定期上液体地板蜡，使其光亮如新，可延长使用寿命。

（4）瓷砖类板材防滑

通常防滑：选陶瓷板材中的"防滑地砖"和石晶板材，或马赛克、广场砖。铺装陶瓷类板材的坡面、台阶、转折、厨卫等地的防滑非常重要。

防滑液能有效地渗入地砖及石材的毛细孔内。溶解少量硅，使毛细孔变粗，在表面形成很多细小、看不见的纳米级凹痕。当人通过有水地面时，水受压从凹痕挤出，凹痕呈真空状态，与脚底形成物理吸盘作用，增大摩擦系数，即具有一种"遇水即涩"的效果。

使用方法：清理场所及清洗地面，去蜡，均匀涂敷防滑液，自然晾干1～2h后使用。不会影响原来地面的美观及清洁保养工作。

（5）石材类地坪防滑

石材防滑材料要求如下：

① 通常情况下，防滑等级应不低于1级。

② 对于老人、儿童等活动较多的室内场所，防滑等级应达到2级。

③ 对于易浸水的室内地面，防滑等级应达到3级。

④ 对于室内有设计坡度的干燥地面，防滑等级应达到2级；有设计坡度的易浸水地面，防滑等级应达到4级。

⑤ 对于室外有设计坡度的地面，防滑等级应达到4级，其他室外地面的防滑等级应达到3级。

石材防滑等级的指标如下：

石材防滑等级的指标

防滑等级	0级	1级	2级	3级	4级
抗滑值F_B	$F_B < 25$	$25 \leqslant F_B < 35$	$35 \leqslant F_B < 45$	$45 \leqslant F_B < 55$	$F_B \geqslant 55$
摩擦系数	$\geqslant 0.5$	—	—	—	—

上述抗滑值、摩擦系数应由供应商经测试提供。抗滑值除特殊说明采用干态法外，一般均采用湿态法。摩擦系数一般采用干态法。

（6）传统石拱桥的防滑

拱桥有缓坡、台阶或坡阶，说明我国道路早已有安全、防滑、助老的观念。

扬州瘦西湖　　　　　　　　四川达州明代彩虹桥　　济南逍遥津

传统拱桥面都有粗糙防滑的纹理，称为"礓礤"。下举典型二例：

位于苏州市吴江区黎里镇的迎祥桥始建于明正统六年（1441年），俗称汝家桥。桥北端有台阶16级，

| 梁式三孔 | 上为礓磋 | 下为石阶 | 景点文物 |

礓磋6级；南端有台阶17级，礓磋7级，均由整块金山条石凿成。拱桥之阶多为坡阶。

　　建于浙江嘉善千窑古镇的永兴桥，同为梁式三孔桥。单面10级，坡度级高较小，表面为横向条形纹理。此二例均为文物保护单位。

| 梁式三孔 | 表面为横向条形纹理 |

6.4　弹性（松散）材料

6.4.1　性能分析

　　弹性地面指材料受压后产生变形，当荷载消除后，材料能恢复到原有状态的地面。状态有所变化的称松散材料地面。弹性地面和松散材料地面都具有脚感舒适的特点，还关乎安全、效率，特别是儿童活动区、健身区、运动区和无障碍设施，是重点使用区域。

6.4.2　松散材料

　　松散材料常分为两类：无机松散材料，如细沙、圆砾、小块发泡塑胶等；有机松散材料，如天然草坪、木屑、树皮碎屑、坚果碎壳等。此类不但有分散荷载特性还要控制总厚度，避免碎物入鞋导致行走困难。嵌草和格栅属局部松散。

6.4.3 弹性材料

木质、塑胶、金属等材料本身具有弹性，其中以塑胶地面为重，主要有橡胶、聚氯乙烯（PVC）和亚麻地板（室内）等。塑胶弹性地面有弹性好、花色多、遇水不滑、材质轻、耐磨、耐污染、易清洁保养、安装快捷等优秀品质，其中又以安全地垫最为优良。

弹性安全橡胶地垫（Safety Rubber Mat）是极具缓冲性能的弹性材料，可进行球类、骑车、滑板、体操、游戏、健身等活动。选料要注意达标，各企业要求不同。以下部分数据，仅供参考。

（1）数据

要求物体高点撞击减速，应小于重力加速度200倍，冲击标准HIC小于1000。参考规范为美国《游乐场器材使用区域的表面材料减振性的标准规范》ASTM F1292［美国材料与试验协会（ASTM），美国消费品安全委员会（CPSC）］。

（2）规格

常用卷材：宽×长×厚=（1.2~2.0）m×（6.0~2.5）m×（2~4）mm。

常用块材尺寸如下：

常用块材尺寸

型号	长×阔×厚（mm）	缓冲下坠安全高度（m）
FX50	500×500×5.0	1.3
FX75	500×500×7.5	2.0
FX110	500×500×11.0	2.9

我国常用厚2.5mm或5.0mm，按用途选择，块材尺寸为300mm×300mm、500mm×500mm两种。色彩可调配，常见为绿、红、蓝、黄色等。

（3）特点

① 结构强度适中，弹性好。耐磨耗，耐冲击，能有效缓冲撞击力。

② 吸声、隔热，火星点燃不扩散；疏水、防滑，即使表面潮湿也不影响使用。

③ 无毒，不易滋生微生物。

④ 耐久，使用期间不老化；可在−40~+110℃环境下使用。

弹性　　　　　　　　游戏（两种地材）　　　　　　　　　　　　　跑步　　　　不安全

（4）其他

① 儿童活动场。使用合成材料的厚度不小于10mm（《儿童户外游憩场地设计导则》TCHSLA 50010—2022）。

② 健身垫。单人成品长1.85～2m，宽0.8～0.9m，厚度5～20mm，每5mm一挡。橡胶、PVC、NBR、亚麻、麂皮绒EVA材质都有，按锻炼强度选择材质、厚度。表面有各种花纹、迷彩、字母等。

表面纹理　　　　　三类健身垫成品

6.5　铺装的构造

6.5.1　道路的分级

（1）分级系统

公园、绿地规划中的道路广场常分3～4级，只体现最小宽度，一般主干道通车并构成"环行系统"，与城市道路不同。绿地铺装并非单以交通宽度来分级，分级也不包括所有车行系统。

① 大型风景区专业公园交通，人车可分流设计；

② 绿地主干道在车行系统内宜为合流车道；

③ 道路横断面按各面层式样要求，不同面层能统一基层最适宜；

④ 防灾、防疫、急救、养管、组织旅游等考虑行车、停放组成系统；

⑤ 实际上无障碍通道在绿地和居住区包括了大于70%的用地范围，不可小觑；

⑥ 桥梁分人行、车流，纳入人、车交通系统，桥栏按规范设计。

（2）园路宽度

游览地点按总体规划、景观和人行需要，设计铺装面积和园路宽度，重要景点设限量人流和无障碍通道。

① 园路最低宽0.9m，以便两人相遇时有一人可侧身交错通过；

② 考虑无障碍车辆通行的园路，不应小于1.2m；

③ 小径宽度一般大于1.5m，2.0m宽的园路可供双人游览通行；

④ 2.0～3.5m宽可通行小型车辆；主路宽度不小于3m，消防道路宽度不小于3.5m；

⑤ 3.5～5.0m宽的园路可通多股人流，也可通行运输机具；

⑥ 4.0～7.0m宽的主园路可满足大量人流或双向通车的要求。

（3）行人流量

园路的行人流量，参考城市人行道单股人流——0.75m宽最大通行能力为1800人/h计算。

6.5.2 道路的用地

公园内部道路及场地所占用地比例，各规范大同小异：

① 因绿地性质不同，专业性动、植物园比综合性公园、游园大；

② 公园绿地的大小和形状，用地小、铺装场地比例大；

③ 比较各规范，近期规定略为放松灵活。绿地铺装的面积比例见附录1。

6.5.3 城市型道路（参考）

① 功能分类。城市道路按功能特点划分为交通性、生活性、景观性和综合性四类。本书所述多近景观性。城市居住区道路分四级（居住区、小区、组团、宅间道路），绿地也分四级（居住区公园、小游园、组团绿地、儿童活动场)。

② 断面分类。城市道路按其横断面形式划分为一幅路形式、二幅路形式、三幅路形式、四幅路形式和非对称形式五种形式。

③ 宽度荷载。城市道路以宽度分级：快速路不小于40m，主干道30～40m，次干道25～40m，支路12～25m。容许的车辆自身载重量（标记在汽车两侧）可分为汽-10、汽-15、汽-20、超-20。城市道路没有专门的道路荷载标准。

通车园桥荷载等级可按汽-10级计算。《绿地设计规范》DG/TJ08—15—2009 表示为3.5kN/m²。

地面耐压力：1MPa=10kgf/cm²，1000kg压力=9.8kN。

6.5.4 道路的层次

（1）基土

垫层应铺设在均匀密实的基土上。对于淤泥、淤泥质土、冲填土、杂填土等软弱地基应按《建筑地基基础设计规范》要求进行处理。

① 填土。分层压实的填土采用沙土、粉土、黏土及其他有效填料。不得采用有机物含量大于8%的土及湿土、冻土、石灰土、膨胀土等。

② 夯实度。常表述为填土分批夯实，每批小于30cm，压实系数达90%以上：人行道压实系数≥90%（控制干密度/最大干密度）；车行道压实系数≥95%（控制干密度/最大干密度）。

③ 含水量。影响密实度的主要因素是含水量和层厚。施工中土方必须随填随夯不过夜，防止水分被土基吸收无法碾压，甚至成为"弹簧土"。土基标高低于地面须设置汇水沟，及时排除地面水。

④ 填土要求。在景观塑造地形、改良土质的填土上做铺装要求：

a. 填土经三年自然沉降稳定；

b. 填土经雨水浸润沉降稳定，容重要求达到≥18t／m³；

c. 加厚地坪碎石垫层，尽量采用块料、疏散料铺装面层；

d. 清除原不良土质，如淤泥、橡皮土、杂填土，抛填块石。

⑤ 新材料。当今新建楼宇多有地下车库，约70%的景观坐落在地库顶板上，如遇高差不大（如大于30cm），回填土方较多，可改为加厚垫层或改填EPS、XPS板。

景观覆土厚度是绿地率亦是地库荷载的关键，堆土坡的经济性是控制成本的关键，应按项目竖向设计的复杂程度，选择合理的地库覆土方案。

（2）垫层

垫层在基层和基土之间，提高基土强度。其中的隔温层为防止、减少不均匀冻胀，隔离层为隔离地下毛细水上升、地表积水下渗。

下列材料铺装垫层最小厚度如下：

① 大于等于C10的混凝土垫层≥60mm；

② 砂、碎石、卵石≥30mm；

③ 碎石、卵石、3/7灰土≥100mm。

特殊情况如下：

——当地下水位低且地基土质坚硬时，可取消碎石层；

——当地面有可能积水时，宜采用混凝土垫层；

——当混凝土垫层兼作面层时，强度等级应不小于C25。

设有沟管的地面，沟管盖板上的垫层厚度不小于50cm。

所有现浇混凝土垫层必须按要求做伸缩缝：

——纵向缩缝间距3～4m，采用平顶缝式企口缝；

——横向缩缝间距3～5m，采用假缝；

——伸缩缝间距20～30m，室内不做。

使用松散材料的垫层，施工时应防冻、防水，顶面预留宽3～6mm的伸缩缝。灰土垫层的一般比例为1.3：7。

（3）隔离防水层

可选择的材料和常用厚度如下：沥青防水卷材1～2层；高聚物改性卷材1层；高聚物改性涂料2～3道；合成高分子防水涂料2～3道；防水涂膜总厚1.5～2mm。

（4）填充层

可选择的材料和最小厚度如下：

可选择的材料和最小厚度

水泥：粉煤灰（炉渣）= 1：6	30～80mm
水泥：石灰：粉煤灰（炉渣）=1：1：8	30～80mm
轻骨料混凝土C7.5	30～80mm
加气块1：6	不小于50mm
水泥砂渣1：6	不小于50mm
水泥膨胀珍珠岩块	不小于50mm

（5）联结层

联结层属于面层、加强面层和基层的共同作用。常用的材料和厚度如下：

找平要求时	1：3水泥砂浆厚度≥15mm
找坡要求时	C15水泥砂浆厚度≥30mm
罩平要求时	可用中粗砂

联结层使用的各种材料和厚度如下：

联结层使用的各种材料和厚度

面层情况	使用材料	厚度（mm）
板料石材	1：2水泥砂浆	20～30
陶瓷地砖、马赛克	1：2水泥砂浆	10～15
马赛克	1：1水泥砂浆	5
	1：4干硬性水泥砂浆	20～30
块料石材、弹街石	砂、粉煤灰（炉渣）	20～50
预制混凝土板	砂、粉煤灰（炉渣）	20～30
黏土砖	砂、粉煤灰（炉渣）	20～30

（6）面层

面层直接承受人车运动和气候影响，对面层要求如下：

① 外观——形状、色彩、纹理、尺度、质感等方面要符合设计要求。

② 平整——关系到行动的速度、舒适性、安全性，甚至车辆机件油料消耗。

③ 抗滑——路面有足够摩擦阻力。特别是人流密集、恶劣天气时，在转弯、上下坡、无障碍通行、车辆高速行驶、起动、制动时的安全。

④ 稳定——减小因温变、雨渗、风蚀、老化导致强度降低的幅度。对松散、生物材料而言，减少自然季节、气候影响。

⑤ 扬尘——表现为面层的耐磨和易于清洁。扬尘不但破坏铺装景观，对周围环境卫生的潜在影响更大，尤其是对松散材料。

⑥ 环保——从道路结构说，渗水会降低结构和基土的强度；从生态角度说，透气渗水是环保所必需的，尤其是大面积铺装。

⑦ 强度——路面的密实性、耐久性、坚固程度。

⑧ 弹性——用于休闲、娱乐、健体的景观地坪，其舒适、安静、安全的要求不能忽视。

各种面层的使用材料和厚度如下：

各种面层的使用材料和厚度

面层	材料要求	厚度（mm）
混凝土	≥C15	按垫层厚度定
细石混凝土	≥C20	30～40
水泥砂浆	≥M15	20
水泥石屑砂浆	≥M30	20
水磨石、洗石子现做	上：1：1.5～2.5水泥石子 下：1：3水泥砂浆	25～30

面层	材料要求	厚度（mm）
板料石材	1：2聚合物砂浆	15～40
预制水磨石板、混凝土板	≥C15	20～60
陶瓷地砖、马赛克	缝≤2mm，白水泥浆擦缝 缝≥2mm，1：1细砂沟缝	5～8
块料石材、弹街石	≥MU60	80～120
青砖红砖	≥MU7.5	53（平铺） 115（侧铺）

6.5.5　面层的施工要求

① 面层铺装的拼砌、尺寸、色彩、质感等要求均须在设计中注明。

② 铺设面层后，一般保持湿润养护7天以上。基层混凝土抗压强度不小于1.2MPa，面层抗压强度不小于5MPa时，方可上人。

③ 水泥类铺装的基层表面洁净、湿润、平整但粗糙，并在基层上随铺随刷一遍水泥浆（水灰比0.4～0.5）或界面剂。如基层为预制混凝土，表面应凿毛。

④ 基层混凝土应按设计和施工规范设变形缝（伸、缩、沉降、施工缝）。铺砌于混凝土垫层上的面层分格，必须与垫层伸缩缝相对应：

各面层的变形缝要求

沥青类面层	不设缝
板材块料类面层	不设缝，分格线宜与垫层伸缩缝对应
细石混凝土面层	与垫层缝对齐
砂浆、水泥石屑现做水磨石面层	与垫层缝对齐，加中间分隔
设隔离层时	不与垫层缝对齐

面层的分格缝应为基层分格缝的倍数，即有一部分缝线上下对齐。水泥类整体面层在基层下为墙或梁的支承位置、大小空间的交接位置时，也宜设分格缝。

⑤ 所有板材面层反面均刷表面剂，使用聚合物砂浆粘贴。所有粉刷面层的抹平应在水泥初凝前完成，压光应在水泥终凝前完成。

面层的变形缝

6.6 地面的荷载

6.6.1 植物荷重

（1）植物平均荷载

依据《上海市屋顶绿化技术规范（试行）》植物荷载如下：

植物荷载

植物类型	规格（m）	植物荷载（kN/m²）
乔木（带土球）	$H=3.0 \sim 10.0$	$0.40 \sim 0.60$
大灌木	$H=1.2 \sim 3.0$	$0.20 \sim 0.40$
小灌木	$H=0.5 \sim 1.2$	$0.10 \sim 0.20$
地被植物、草坪	$H=0.2 \sim 0.5$	$0.05 \sim 0.10$

以下为德国资料，供参考。根系的延伸直径（d）为0.6H（种植土厚度）。

① 地被草坪为 5kg/m²（0.5kN/m²）；

② 低矮灌木和小丛木本植物为 10kg/m²（1.0kN/m²）；

③ 长成灌木和1.5m高的灌木为20kg/m²（2.0kN/m²）；

④ 3m高的灌木为30kg/m²（3.0kN/m²）；

⑤ 高大乔木和灌木根系增加的荷载为：大灌木（6m以下）40kg/m²（4.0kN/m²），小乔木（10m以下）60kg/m²（6.0kN/m²），乔木（15m以下）150kg/m²（15kN/m²）。

（2）架空层的荷载

上述植物自重不会影响自然地面。对停车库、屋顶花园等的屋顶绿化，花园式屋面荷载应不小于4.5kN/m²，其中营业性屋顶荷载不小于6.0kN/m²；草坪式屋顶设计，其屋面荷载应不小于2.5kN/m²。要注意大型景点和树木的根系和种植池的重量，验算集中荷载。架空层的构造还要有排水、防潮、防穿等的设置。

（3）单棵树木的荷载

树木的重量由地上及地下两部分组成。

（4）各种植物所需的基质厚度

各种植物所需的基质厚度

植物类型	规格（m）	植物生存所需基质厚度（cm）	植物生育所需基质厚度（cm）
乔木	$3.0 \sim 10.0$	$60 \sim 120$	$90 \sim 150$
大灌木	$1.2 \sim 3.0$	$45 \sim 60$	$60 \sim 90$
小灌木	$0.5 \sim 1.2$	$30 \sim 45$	$45 \sim 60$
草本、地被植物	$0.2 \sim 0.5$	$15 \sim 30$	$30 \sim 45$

6.6.2 地基承载力

地基的承载能力除了和土壤类型有关外，还和地基深度、含水量、孔隙比等因素有关，不是某一层土体能决定的。它是在受力影响范围内所有土层的累计变形，在某一允许数值时的最大单位荷载施加值。

（1）一般地基

原状黄土承载力一般大于120kPa，通常黏土地基承载力在70~210kPa。上海用70~90kPa，俗称"老8吨"。

（2）淤泥（软土）

一般淤泥地基承载力不会超过50kPa。

地基天然含水量与承载力的关系

天然含水量（%）	36	40	45	50	55	65	75
承载力（MPa）	0.1	0.09	0.08	0.07	0.06	0.05	0.04

（3）正常填土

刚回填的土体取决于其下卧层的承载力，一般达不到要求。正常的素填土，指由天然土经人工扰动搬运堆填而成，由碎石、砂或者粉土、黏性土等组成，不含杂质，承载力可达到6~8t。

（4）灰土材料

经过人工压夯实的3∶7/2∶8灰土垫层，其容许承载力达300kPa以上（参考：压实系数0.97及干土重度不小于14.5~15.5kN/m³）。

（5）松散材料

砂土类材料性能

砂土类	状况	密实（MPa）	中密（MPa）	松散（MPa）
粗砂砾砂	与湿度无关	0.55	0.40	0.20
中砂	与湿度无关	0.45	0.30	0.15
细砂	地下水位以上	0.35	0.25	0.10
	地下水位以下	0.30	0.20	—
粉砂	地下水位以上	0.30	0.20	—
	地下水位以下	0.20	0.10	—

碎石类材料性能

碎石类（卵石类)	密实（MPa）	中密（MPa）	松散（MPa）
卵石土	1.0~1.2	0.6~1.0	0.3~0.5
碎石土	0.8~1.0	0.5~0.8	0.2~0.4
角砾土	0.5~0.7	0.3~0.5	0.2~0.3

（6）岩石类地基

岩石类地基性能

类型	碎石状（MPa）	块碎状	大块状
硬质岩（＞30MPa）	1.5～2.0	2.0～3.0	≥4
软质岩（5～30MPa）	0.8～1.2	1.0～1.5	1.5～3.0
极软岩（＜5MPa）	0.4～0.8	0.6～1.0	0.8～1.2

（7）人体荷载

以150kg计算公式，人体表面积约1.6m²，足部长×宽（40号鞋）＝0.25×0.10＝0.025m²。人行走时单足对地面压力为 6000kg/m²，躺卧时对地面压力为94kg/m²。由此可见，人不适宜在淤泥、软土、细砂等路面上行走；松散、块状、透水类路面应尽量采用砂土、碎石类地基。

6.6.3 井盖荷载

路面常在井盖和沟井边缘损坏。可以分析下面几种。

井盖荷载能力是指在单位面积内通过压力，通常重型40t5轴重载卡车计算公式：5轴×40t=200t。该井盖可以保证汽车总重小于200t时通过。厂方的80t车辆技术参数除以5轴，井盖本身荷载为16t。

钢铁栅、钢筋混凝土进水口、窨井盖出厂时设有使用条件。石材只限人行道。

6.6.4 特殊地段

普通水泥地面承压力为 20～26MPa。各种类面层铺装、铺装后各阶段承压力都不同，如彩色压模水泥地面施工后7天为58.5MPa，14天为64.5MPa，28天为75.5MPa。

栈道、滑梯、溜冰等特殊场地按实况计算。以机场为例说明：从一般沙土、草坪、水泥混凝土，到现代高性能混凝土、沥青混凝土混合料，都会受荷载、气候、基地等影响。为了安全，混凝土厚0.7m，常用1m。4000m长跑道的左右和两端设计厚度并不相等，着地点和上升点受力最大。

6.6.5 局部损坏

（1）道路设施易损坏的部位

① 各种管线窨井四周的土体没有填满夯实，造成沉陷；

② 各种管线井盖高出基层，机压不到缘边，密实度不够；

③ 井盖高度超出路面，通车后易遭受冲击和颠簸，造成盖座移位。

（2）道路设施易损坏的原因

① 车走人道。绿地提倡步行，限制通车，但行车范围不清、限车管理不严，往往导致越界行车停车，致使现浇混凝土、板料路面永久性开裂。

② 选型不当。绿地铺装多样、选型构造不当、装饰标准较高，是造成损坏的次要原因。

及时修复损坏部位　　　限车不严使铺装损坏

③ 基土不稳。绿地铺装的基土不稳定，新填土就难控制，加上工期苛求，往往产生不均匀沉降。裂纹在铺装上与绿地上完全不同。

④ 结构配合。绿地的设施、小品多样，形式新颖，但量小没规律，对结构、构造、节点都构成挑战。景观工程事故常是"痰盂内淹死人"。

⑤ 缺乏养管。缺乏专业养护规定，是铺装损坏、造价超标的原因。道路也会影响用车，非洲难见五菱神车，是因路及电均不稳定。

合理选择铺装类型　　　地面裂缝　　　　基土掏空

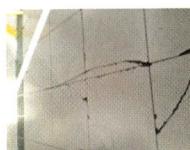  

设施和节点要按规范要求　　　"痰盂内淹死人"

6.7　无障碍通道

6.7.1　无障碍通道概述

世界上残疾人总数达6亿人，上海现有残疾人已达95万人。他们在肢体、智力、精神、视力、听力和语言等方面有缺陷，出行也应得到关怀，在如厕、停车等方面应得到优惠。这是针对他们生理心理需要的系统设计，是社会文明进步的标志。无障碍设计应按城市道路和建筑物无障碍设计规范性文件执行（参见附录7）。

扶持　　　母婴　　　　残疾　　　　公交　　　关心

6.7.2　绿地无障碍通道

本章只对无障碍设计和景观相关问题做出说明。

（1）概念

肢体残疾者对地面铺装非常敏感，基本要求是要人性化，平整、防滑、防撞，地坪图案的美观是其次。全球被认为很美的几条树顶小径（栈道）均为无障碍通道。

公园入口的轮椅坡道　绿地的曲折盲道　　树顶小径（栈道）为无障碍通道（美国）

（2）同步

景观建设应与无障碍设计同步，避免矛盾，不增投资而可增色。如能利用无障碍要求造景更为上策，如上海方塔园。

塔园干道缓坡　　　　　　缓坡提示高差　　　　　　地坪大斜坡　　　　　　天后宫缓坡

（3）景观点

在重要景观点，要留供残疾人观赏四周的平台。一般尺寸为1.5m×1.5m，如场地有限制可删去两角成T形。在观赏视线范围内，障碍物高度限制为离地0.75～1.25m。因此，要控制树木内外生长轮廓。范围内地面铺装稳定且坡度小于2%。景观点内设有包含盲文的介绍标牌，有条件时设有声读物版本。游泳池、沙滩码头见专项设计要求。

供残疾人观赏的平台

（4）图案

地面纹理、色彩、选材等设计须与无障碍通道协调。原铺装图案因无障碍通道而"破相"，这类事例在重要地段多次发生，让人啼笑皆非。尤其是通过传统建筑、重要建筑时应尽量减少负面影响。

    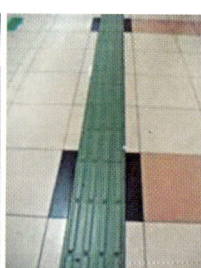

减少对传统建筑的影响　　　　　　盲道干扰铺装图案

景观设计中的平面铺装

（5）管理

无障碍设施的建设、通行和维护，取决于管理者的观念。

是否善待残疾人取决于观念

6.7.3　无障碍盲道要求

（1）人流线路

盲道首选地点是远离人流频繁、尽可能少交叉的线路。城市公共区和居住区绿地主要入口应设提示盲道，包含立体化的天桥、隧道绿地。其他地方设行进盲道。盲道中不应有灯杆、树木、栏栅等障碍物。

城市公园　　　　　　　　　　人行道盲道应离开人流频繁区域

（2）缘石关系

人行道在远离车道一侧设盲道，可避开行人、座椅和人行道树、灯柱、路标、自行车等多种设施。行进盲道距树穴、花坛距离应为25～50cm；当盲道比缘石上口低时，距离大于25cm。

有立缘石免设盲道　无立缘石设行进盲道　盲道距树穴边缘　　　　　盲道距缘石边缘

（3）协调底板

① 做分界面。以盲道做路的装饰线分界面，是把盲道纳入装饰范围。如两者模数、色块一致，效果会很好，兼顾了无障碍使用与景观美观。

以盲道做内外装饰分界　　　　　　盲道两侧同材不同纹色　　　　　盲道与地坪模块一致

② 模数色彩。盲道颜色与人行道宜有所区别，但应与环境协调。当盲道板与人行道砖模数一致，只有纹色的区别时，铺砌方便，但不要显得孤立突兀。当模数不同时，尤其在曲折转弯处，最好是切削人行道砖，用盲道板错缝交叉则两败俱伤。

色纹都有区别　　　盲道板孤立　　　交叉的盲道板

③ 底板排列。盲道板所选用材料规格、排列、色彩等，必须与所处底板协调，否则铺砌混乱，既难砌筑又不合理。盲道也容易失去统一连续性。

块面纹理与底板不协调　　　选料失去连续性　　　　　　　　　室内拼纹也须协调

④ 路中间段。当盲道在狭路时常常成为构图中心，要注意与路两侧纹理有关联的景观。

　　　　　　　　　　　　　　　　　　　　　　　景观设计中的平面铺装

路狭居中图案　　　　　色彩较低调　　　　　与两侧交叉　　　反向唱双簧

盲道虽在路缘，但绿化扶持不可忽视。

依靠绿化统一

（4）盲道板点

① 板点材质。纹型有统一规定，常用不锈钢、塑胶、石材。不锈钢、塑胶可做凹凸板材。提示盲道板可用单点拼成，上海地铁曾用塑胶板粘贴盲点，不断掉牙，有碍使用，最后拆除。

  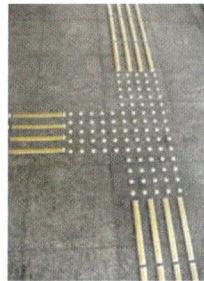 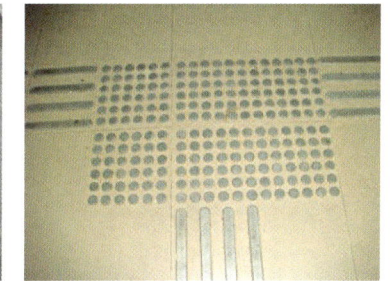

不锈钢盲道及地灯　　　塑胶盲道板　　　不锈钢盲道点　　　塑胶盲道点

石料系在板材面上做出盲点，宜用加工后的成品。注意与现场铺装色彩和厚度相配合，保持全线轮廓一致。用人行道砖者同此。

 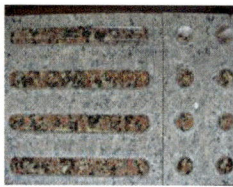 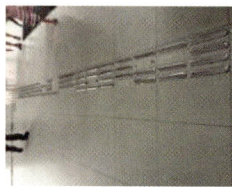  

同色石材盲道　　　　　　石刻盲道　　　　　　盲道掉牙成渣　　　　　现场做石材盲道

② 符合规格。盲道宽0.25～0.5m，纹理应统一。地坪上的防滑条、装饰线、凹凸纹理都不能当作盲道。反之用盲道板做铺装，则容易混淆"视听"，并非良策。

两种色彩的盲道板　　　内凹的防滑条　　　　凸出的防滑条　　　拉丝面弹街石　　　　盲道板做铺装

③ 交接节点。行进、提示盲道在交接、转弯处和其他线纹的节点编排很重要。

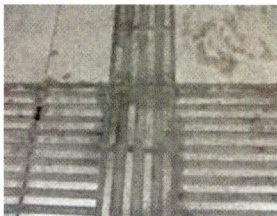   

主次不分明　　　　　　宽度被破坏　　　　　　界线不统一　　　　　　　板料错铺

④ 精工操作。日本的盲道板制作严密精美，也是一种地面装饰，每个点都用钢钉固定，始终如一，从未见掉牙，供参考。

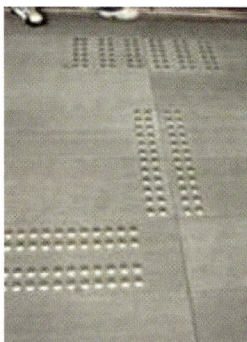  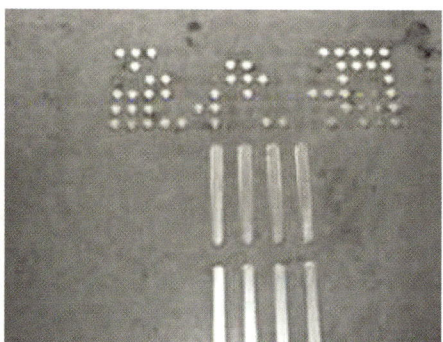

一种地面装饰
(大阪飞鸟博物馆)　　　每点用钉固定（大阪城）

景观设计中的平面铺装

6.7.4 无障碍路缘坡道

（1）全缘石坡道

在交叉路口尽量采用全宽式单面坡缘石坡道。

板块和缘石坡道的关系　　　　精细养护，分毫不差

（2）坡道板斜坡

因有多向坡度，排列不易，要精致有序。下图板块排列影响至整段路容。

斜坡板和盲道板排列

（3）交通频繁段

交通频繁段可以用色彩或纹理提示，如上海迪士尼乐园、日本的多摩。

坡道范围内变色　　坡道范围内变纹理　　　坡道范围内黄色　盲道在缘石坡道

（4）坡道板分段

人流密集处，行道树绿化带每小于或等于30m为一段，设供行人横穿及排泄雨水的通道，并在此设提示盲道。道路中心安全绿岛要通行轮椅，其绿化布置要防践踏破坏。

长条形行道树绿化带   人行道低凹段

（5）道路排水口

不宜设在路缘坡道处，同时要与斑马线相配合，美观安全。

路缘坡道不设排水口   坡道与斑马线配合

6.7.5　无障碍地坪高差

（1）地坪高差

在地坪有高差尤其是仅一级时，要考虑防跌设置，甚至设盲道板。

有高差尤要详细布置

（2）坡度配合

道路、广场设计坡度时，须考虑与无障碍设计相配合，才不致产生多向无序乱坡局面。在上海主要商业街、标志建筑，这类尴尬情况并不少见 。

坡度与无障碍设计没有配合

（3）标志

绿地入口、通道、休息亭廊等设施平面应平缓防滑，地面有高差应设坡道和扶手。工程板缝凸形盖板也须防滑，设盲道提示。

上海旧街道新盲道

扶手盲点

防滑盖板前

6.7.6 轮椅坡道

（1）坡长限制

室外轮椅坡道宽大于1.5m，以保障轮椅车加1人或2台轮椅车通行。注意坡道的坡度有长度限制，见下表。

坡度的长度限制

坡度	1/10	1/12	1/15	1/20	1/30
每段最大高差（m）	0.30	0.36	0.45	0.60	0.90

多数轮椅使用者上半身活动能力有限，并不能完全控制爬上与冲下。现设计中常取最大坡值殊为可惜。各行业都要创造无障碍条件，如公共汽车停靠站要有倾斜坡道。

地坪缓坡成景（较宽）

斜坡但占地较大（较高）

超长的坡道（上海）

下车要倾斜坡道

（2）坡道表面

坡道的铺装表面纹理要控制防滑，是一个独立的个体，受上下地坪铺装位置影响，但图案应尽量简洁。

简洁的地面缓坡　　　　栏杆与墙配合　　　　坡上图案乱码

（3）坡道的铺装

坡道的铺装很重要，在景观设计中要按室外雨雪天来考虑，不积水、不滑溜、防结冰。下图坡道仅供各非机动车、行李上下。

坡道滑溜结冰　　　　下段不符合要求　　　　不是轮椅坡道　　　　坡道过于狭陡

6.7.7　沟缝排水及弯道

（1）排水

当绿地宽度小于12m时，其雨水可汇入道路排泄系统。排水沟须与盲道并行且宜单向汇水。盲道与排水共用一板简洁大方，已有成品。

盲道和水沟分开　　　　盲道和水沟并行　　　　雨水可汇入市政设施　　　　盲道排水板共用

（2）孔缝

木地板适合用于无障碍通道。在板缝与走向一致时，板缝不宜大于6mm；在板缝与走向垂直时，板缝不大于12mm。道路单向排水格栅间距大于13mm或孔洞大于15mm×15mm时，对盲杖使用者有危险。

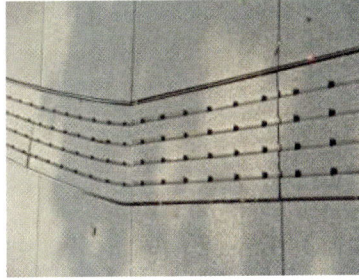

板缝适于无障碍　　　排水孔洞大　　　无障碍通道排水孔栅

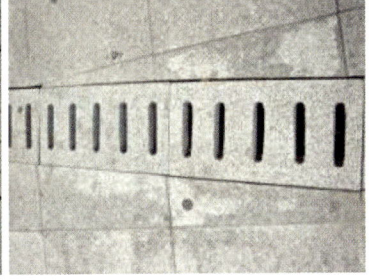

（3）弯道

丁字、弯道在现有板块路面要预先计划好铺砌体型，配合盲道板。弯度大时可设栏杆防止穿行，避免出现多岔路口。

弯道、丁字路口　　　　　　　　　　　多岔的路口

6.7.8 无障碍短柱布置

在人流密集的市政广场，缘石坡道外常设障碍柱。短桩要有色差、防车间隔，但不影响视力残疾人士及慢行交通，也不应放在缘石坡道中央位置。

全缘石坡道外　　　不通车广场中　　　不影响视力残疾人士使用　　　日本皇宫广场

6.7.9 无障碍建筑入口

（1）高差不大

在用地允许的情况下，采取全坡的入口设计。如同济大学中法馆，此时坡度小于或等于1/20，宽度大于或等于1.5m。坡道既受健全人士欢迎，也符合无障碍设计。

景点在呈现接近大地时采取缓坡形式，在强调高差变化时用坡阶。

（2）轮椅上下

采用直线型、直角型、折返型。重心容易倾斜的圆弧形应尽量放大半径。在人行天桥地道、建筑的微弧线型坡道，以弧线内缘计算，每升高1.5m设中间平台。

建筑全坡入口设计 　景点全坡入口设计　轮椅坡道的微圆弧形、折返型、直角型
（上海）　　　　　　（美国）

高层公共建筑、住宅的入口轮椅坡道对景观的影响较大，要做到既进出方便、节约用地，又造型大方美观。不可折返多次、重叠凌乱，影响观瞻。

进出方便，造型大方，减少折返次数　　　　　　　　　　追求与台阶同长

（3）节约用地

争取在入口留出一定的绿化面积。如用地紧张，可用升降平台代替轮椅坡道，甚至改成升降复杂的台阶。利用轮椅坡道做盲道偶见，多为上下提示。

争取绿化面积　　　升降平台代轮椅坡道　　用轮椅坡道做盲道

（4）人流频繁

上海大型公共建筑龙之梦人流频繁，入口用大斜坡加接左侧轮椅坡道，都用同质色材料，一光洁一防滑，两种表面很清晰，且有分流作用。

大型公共建筑入口（超市）　　左侧分出轮椅坡道　　　　轮椅坡道　　　　表面防滑纹理

6.7.10　无障碍停车场

（1）停车

我国的残疾人用停车位占停车位总数的1/100，必须保证并禁止占用。在欧美，残疾人停车位约占停车位总数的1/25。

（2）位置

停车位应靠近出入口，设有明显标识，方便残疾人。

标识　　　　　　　　停车位宜近出入口　　　　　　停车位处于显要位置

（3）尺寸

标准尺寸为宽2.4m，长4.8m。如地面有高差，考虑残疾人进入，总宽为3m；考虑轮椅进入，总宽为3.6m。如考虑轮椅放入车后存放，长度应加至6.6m，地坪常有变化，此项常被遗漏。

停车位加大尺寸　　　　　　卫生间　　　　　　婴儿床

6.7.11 无障碍座椅和台阶

（1）座椅

公共绿地中符合残疾人所用座椅应占总数的10%以上（在欧美约占40%）。桌椅座凳要选材温软、棱角圆，造型不应有尖锐突出物。

座椅边要留轮椅停位，尺寸约为750mm×1200mm，离路缘大于300mm，地面铺装稳定，坡度小于2%。休息长椅适宜尺寸：座面离地415～465mm，宽500～600mm，长1050mm，背高440mm，至少设一个牢固扶手。椅下空间不可全部密封。

残疾人座椅数量　　　残疾人座椅材质要求　　　残疾人座椅停位

（2）台阶

① 阶下空间。台阶较高时，其下部楔形空间在小于2m高度处应封闭围合，因盲杖和导盲犬都无法识别。要防止上空突出物的影响，其下端包含侧边设高于700mm的栏杆、花坛或高于500mm的缘石。

梯下楔形空间盲区（上海）侧面也应注意　　　布置花坛美景

② 踏板悬空。无踢面台阶或踏板突缘悬空的台阶，使空间通透。但对腿部绑扎僵直的残疾人极不利，不宜在无障碍通道采用。

突缘悬空和无踢面台阶

③ 台阶照明。要有合适的照明，除塑造某种情调外，应达到安全要求，一般不小于150lux。

台阶照明塑造情调

台阶前有提示

④ 室外台阶。室外台阶应大于或等于300mm×140mm，景观设计中应视环境采取更为缓和的坡度，在适当地方添加配景。如果绿地场地条件允许，每层平台都可成景、可歇息，是最佳选择。这些都是景观设计中的细节所在。

缓坡花景（缓）

台阶水景（陡）

宽台阶中坡道

⑤ 台阶提示。台阶最前、最后一级及中间平台要有提示。沿路指示、广告牌等障碍物高度大于2.4m，一般用2.5m，设明显反差色彩。自动售货机插卡投币口高度1.2m，柜台高度0.9m。

长台阶平台提示　首级台阶双提示　大平台设盲道　　　　　　　　弧阶双提示

（3）扶手

扶手有助于保证安全及辨别方位，如首末延长30cm、设盲点或标志等。日本的扶手盲点精致如工艺品。扶手直径4～5cm最适合把握用力，不宜过分扩大或缩小。通道宽度大于或等于1m时设双边扶手，只在小于1m时设单边扶手。

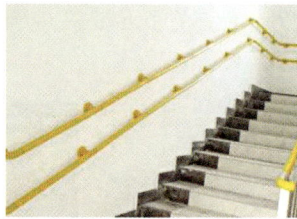

首末设盲点　　　　　黄色高低双扶手　　　　不设扶手　　　　　单边扶手

　　台阶超过三级应设扶手，坡度缓于1/20不设扶手。无论台阶或斜坡，扶手下部应设大于50mm（中国上海、美国为100mm）高安全带。扶手首末应顾及台阶和斜坡的美观，二者的协调是设计水平的反映。

阶坡与扶手不协调　　　　　过于广阔宜成地形带　　　阶坡都不适用

附录
绿地铺装的要求

附录1　绿地铺装的面积比例

绿地铺装的面积比例

绿地类型	陆地面积A（hm²）	铺装面积比例	建筑面积比例	说明
小游园	A<2	15%~30%	<1%	用地最狭
	5≤A<10	10%~25%	<1.6%	≥12m
社区公园	A<2	15%~30%	<3%	用地≥1hm²
	10≤A<20	15%~25%	<2.0%	
综合公园	5≤A<10	10%~25%	<7%	改扩建用地≥5hm²
	100≤A<300	5%~18%	<2.5%	新建用地≥10hm²
植物园	A<2	15%~25%	<8%	—
	5<A≤300	5%~15%	<3%	
动物园	2≤A<5	10%~20%	<14%	—
	100≤A<300	5%~15%	<10%	

注：综合《城市绿地分类标准》GB/T 51346、《公园设计规范》GJJ 48等要求。
说明：附录表示绿地中硬质景观占地比例和绿地性质、大小紧密相连。①把规范中建筑物占地归为一项。②各类绿地取五类为代表。③各类绿地中取面积最大和最小两栏作比较。

附录2　铺装类型价格比较

铺装类型价格比较

类型	面积比例（%）	单方预算价格（元）	单方比例价格（元）
硬景 石材	14	240	33.6
硬景 非石材	6	120	7.2
软景 灌木	14	65	9.1
软景 草坪	33	10	3.3
软景 乔木	0	152	152
车行道路	15	160	24
水景	2	450	9
泳池	3	1400	42
架空层	5	800	40
其他设施	8	1250	100
景观面积	100	景观单方造价	—

注：参考万科房地产开发有限公司相关信息。

附录3 铺装类型的参考单价

铺装类型的参考单价

类型	均价（元/m²）
围墙、灯具	30
标志、小品、桌椅等	30
人行道、一般活动场地	100
运动场地、儿童场地	100~500
架空栈道	400~1000
车行道路	150~200
绿化植物	65
景观水池	450
运动水池	1400
园林建筑	>2000

注：参考万科房地产开发有限公司相关信息。

附录4 铺装种类的性能比较

铺装种类的性能比较

铺装类型	荷载	耐磨	抗寒	防滑
大理石（人造）	3	3	3	4
广场砖	2	1	1	2
花岗石	2	2	1	2
瓷砖（炻质）	2	1	2	3
红砖	4	4	4	1
混凝土板	1	3	2	1

注：1→4表示由强到弱的适用程度。

附录5 竖向高差的控制数据

（1）竖向高差数据（地面的最小、常用、最大纵坡）

竖向高差数据

项目	最小纵坡	常用纵坡	最大纵坡
居住区道路	0.2	1%~10%	18%（即1/6，含绿地小路）
绿地主干道	0.2	—	8%~12%（一般地区~山地）
轮椅园路	—	—	4%
轮椅坡道	—	6%（即1/12）	8.5%（即1/8）
自行车专用道	—	—	5%
人行坡道	0.2	—	2.5%

项目	最小纵坡	常用纵坡	最大纵坡
停车场	0.3	1%~3%（平行~垂直路）	5%
铺装和广场	0.3	—	1%~3%（平原~山地）
运动场、儿童游戏场	0.3	—	2.5%
栽植草地	1.0	5%~10%	15%~25%（机械~人力修剪）

（2）参考公路要求

参考公路要求

项目	纵坡要求	横坡要求	说明
基地面地	>0.2%	<8%（>8%时设计为台阶）	横坡超过8%需设计为台阶
机动车道	>0.2%，坡长<200m	<8%（多雪严寒地区1%~2%），最大纵坡<5%	纵坡坡长限制600m，严寒地区需特殊处理
非机动车道	>0.2%，坡长<50m	<3%（多雪严寒地区1%~2%），最大纵坡<2%	纵坡坡长限制100m，严寒地区需特殊处理
人行道	>0.2%	<8%（多雪严寒地区1%~2%），最大纵坡<4%	严寒地区需特殊处理
无障碍通道	—	—	需设置在人流主要活动区域

（3）铺装竖向排水

各种铺装应有数据表示，图纸未详时参考下表：

铺装坡度

铺装类型	坡度
细石混凝土、水泥砂浆、水泥石屑、地砖、石料板材	0.5%~1.0%
沥青、广场砖、马赛克、密铺木地板	1.0%~1.5%
各种人行道砖、留缝木地板、石料块材	1.0%~2.0%
植草砖、草皮格栅	1.0%

注：根据公园设计规范、绿地设计规范（上海）等资料。

（4）最大坡度限制

绿地铺装还可参考下列数据：

① 园路：17%（1/6）

② 自行车专用道：5%

③ 轮椅专用道：8.5%（1/12）

④ 轮椅园路：4%

⑤ 路面排水：1%~2%

（5）屋顶绿化土层厚度（cm）

① 乔木≥80cm

② 灌木≥50cm

③ 花卉、草坪、地被≥15cm

附录6　铺地的参考荷载

（1）分类和使用

铺装各区域承受的荷载不同，一般按人行道、自行车道、轿车、轻型车和重型车停车位的不同荷载来进行设计（根据DIN EN 1433）。

铺装的分类和使用

型号	承重	使用区域
A.15	1.50t	步行、自行车、小型绿地区域
B.125	12.5t	步行交通区域、私人轿车停车位
C.250	25t	路缘石区域（向人行道方向0.2m，向车行道方向0.5m）
D.400	40t	允许各种车辆进入的区域、停车场（限速15km/h）
E.600	60t	非公共交通荷载特高区域，如工厂、工地、码头
F.900	90t	特殊区域，如民用军用机场、制造维修场所

（2）地面耐压力

普通水泥地面承压力为 20～26MPa。各种类面层铺装后各阶段承压力都不同，如彩色压模水泥地面施工后7d为58.5MPa，14d为64.5MPa，28d为75.5MPa。

（3）砌块路面

砌块路面应符合下述要求。

① 人行道取人群荷载5kPa及单块竖向集中力1.5kN中较大者。

② 车行道由标准轴载BZZ-100控制，包含自行车停车场。

（4）注意

按上述选型，但承受特殊的面层如沥青混凝土要心中有数。

载重汽车的后轴重可达100kN，轮胎接地压强达0.5～0.7MPa，行驶时还会有0.3倍接地压强的纵向水平力，起动、上下严重的引起形成局部地坪的沉陷，坡时达0.7～0.8倍。在布置铺装时注意。

附录7　无障碍设计的适应性

（1）无障碍设计分析表

无障碍设计分析表

铺装类型	铺装要求	使用情况					
		轮椅	步行架	双杖	单杖	偏瘫	视力残疾
A. 软质材料面层							
1. 草坪(短)		a	b	b	b	b	b
2. 泥地	雪雨天不易行走	b	c	c	c	c	c

铺装类型	铺装要求	使用情况					
		轮椅	步行架	双杖	单杖	偏瘫	视力残疾
B. 松散材料面层							
1. 沙砾面层	雪雨天不易行走	b	c	c	c	c	c
2. 泥结碎石	雪雨天不易行走	b	b	b	b	b	b
C. 块状材料面层							
1. 汀步	要求步距准确	c	c	c	c	c	c
2. 嵌草铺装	要求步距准确	c	c	c	c	c	c
3. 植草砖格		c	c	c	c	c	c
4. 竹木铺装	控制缝隙间隔	a	a	a	a	a	a
5. 瓦缸碎片	控制颠簸缝隙	c	b	b	b	b	b
6. 传统土砖	控制颠簸缝隙	b	b	b	b	b	b
7. 小料石、拳石	控制颠簸缝隙	b	b	b	b	b	b
8. 弹街石	控制缝隙间隔	b	a	a	a	a	a
9. 块料石材		b	a	a	a	a	a
10. 路面砖(人造砌块)	控制缝隙间隔	a	a	a	a	a	a
D. 沥青混凝土面层		a	a	a	a	a	a
E. 水泥混凝土面层							
1. 随捣随光面		a	a	a	a	a	a
2. 水泥砂浆面		a	a	a	a	a	a
3. 细石混凝土面		a	a	a	a	a	a
F. 整体粉刷面层							
1. 水泥石屑面		a	a	a	a	a	a
2. 水磨石面	雪雨天易跌跤	b	a	a	a	a	a
3. 水洗石面		a	a	a	a	a	a
4. 斩假石面		a	a	a	a	a	a
5. 卵石散点面	控制表面平整	b	b	b	b	b	b
6. 彩色压模面		a	a	a	a	a	a
7. 无机涂料面	雪雨天易跌跤	b	a	a	a	a	a
G. 板材粘贴面层							
1. 石质板材面(光)	雪雨天易跌跤	b	a	a	a	a	a
2. 陶瓷板材面	多指室内	a	a	a	a	a	a
3. 玻璃材料面	雪雨天易跌跤	b	c	c	c	c	c
4. 金属材料面	雪雨天易跌跤	b	c	c	c	c	c
H. 透水路面层							
1. 透水土路面		a	a	a	a	a	a
2. 透水人造砌块		a	a	a	a	a	a
3. 透水水泥混凝土		a	a	a	a	a	a
4. 透水沥青混凝土		a	a	a	a	a	a

注：a代表适合通行；b代表勉强通行；c代表不适合通行。

（2）不适宜使用的铺装

不适宜轮椅通行的铺装类型：过于狭窄的、松散的、柔软的、凹凸的、光滑的铺装。图片供参考。

松散碎料

泥泞黏土

汀步草坪

植草砖格

碎石散铺

瓦缸碎片

金属板材

玻璃板材

附录8　绿地雨水的处理数据

（1）水质要求

雨水的利用和水质要求，按规范要求为如下内容。

雨水的利用和水质要求

利用项目	水质要求	≤COD_{cr}（mg/L）	≤SS（mg/L）
观赏性水景	绿化	30	10
娱乐性水景	—	20	5
道路浇洒冲厕	—	30	10
车辆冲循环冷却系统补水	—	30	5
消防用水	—	—	—

（2）天然雨水

在降落到下垫面之前，天然雨水一般是洁净的，COD_{cr}平均为20～60mg/L，SS平均小于20mg/L。雨水在降落过程中在大气中受到污染，当pH值＜5.6时称酸雨。我国长江以南大部分地区酸雨年出现的概率大于50%。

（3）雨水弃流

雨水在降落到下垫面之后冲刷下垫面，水质较差；随着降雨的持续，水质改善。据统计，降雨量达2mm后水质基本稳定。因此，对初期径流要弃流排除。屋面弃流采用2～3mm径流厚度，地面弃流采用3～5mm径流厚度。弃流雨水排入雨水管道或污水管道，在条件许可时也可排入绿地。

　　　　　　　　　　　　　　　　　　　　　　景观设计中的平面铺装

（4）径流水质

上海地区各种径流水质参考指标（mg/L）

下垫面	COD_{cr}	SS	NH_3-N	pH
屋面	4～280	0～80	0～14	6.1～6.6
居住区道路	20～530	10～560	-2～0	6.1～6.6
城市街道	270～1420	440～2340	-2～0	6.1～6.6

上海市的年均降雨量为1164.5mm，年均最大月（6月）降雨量为169.6mm。北京市的年均降雨量为571.9mm，年均最大月（7月）降雨量为185.2mm。

（5）渗透系数的外观透水性见下表：

渗透系数的外观透水性

K值（cm/s）	外观透水性
$10^{-1}～10^{0}$	极好，一般不作地面排水
$10^{-3}～10^{-1}$	良好
$10^{-4}～10^{-3}$	稍好
$10^{-6}～10^{-5}$	不易透水
$<10^{-7}$	实际不透水

（6）绿地的耗水量

自然形态景观水体耗水量有水面蒸发和底侧面土壤渗透两方面。北京1990—1992年统计，陆面蒸发量为466.7mm/年。最高在7月，为106.7mm/月，平均3.56mm/d。水面蒸发量为946.9mm/年，约为陆面蒸发量的2倍，最高在5月，为133.2mm/月，平均4.44mm/d。

各类绿地年耗水量

城市绿地中的草坪	1500L/m²
居民区道路两侧环保草地	800～1200mm/m²
足球场（经常活动场地耗水量8～10mm/d）	2400～3000mm/m²
赛马场	3000mm/m²
高尔夫球场	2000mm/m²

植物对水分的需要并不均匀，夏季生长季节的117～158d耗水量占全年的75%。

（7）绿地的六种雨水排泄

① 地面渗透

坡度大，流速快，径流量也大。因此坡度趋缓、坡长适当，可增加雨水渗透时间和数量。各种土壤的坡度临界点不同，上海一般取25°～30°。

地面坡向还需转折多变。使雨水在流淌过程中有收放缓急，不致一泻到底，在暴雨季节形成冲刷、滑坡、水土破坏。多变坡向是景观地形的源泉。

地面土壤保持良好的状态，渗透系数宜为10^{-4}m/s左右；德国的要求为$10^{-6}\sim10^{-3}$。入渗太慢效益差，未能拦截杂物，入渗太快未及净化水质。同时要求地下水位以上有≥1m土厚。

地面植被保持迟滞水流状态。草本植物有截流、延滞、增渗、减少蒸腾、土层固结等抗侵蚀能力。土地植草后径流量减少约1/2。

避免地面裸露"黄土见天"。一时无法播绿时，如设计、施工中地面，应覆盖农用薄膜、无纺布等，减弱对土壤结构、水养分的冲刷。

② 泄水草沟

来不及入渗的雨水，自然地汇集形成泄水的沟渠，这是最天然生态的，既美观又有过滤、渗透的作用。汇水沟应符合以下要求。

土沟草沟的断面形式有梯形、三角形、圆弧形等。梯形沟底宽必须＞0.3m，以利水流和养管；在实施中，土沟经常被草沟替代，以利保持和观瞻。在景观设计时为尽量减少人工痕迹，草沟并不求定式，多依地形构成凹痕成为自然汇水浅沟。浅草沟无雨时融入自然植被之中，谷线迂回汇水，偶见潭穴储水。

草沟的流速宜小于0.9m/s，以保持过滤渗透状态；为防冲刷，最大允许流速为1.6m/s；但当流速低于0.4m/s时可能滋生其他杂草，要常养管。为有效保证最好过滤渗透状态，草沟土壤渗透系数宜大于1×10^{-5}m/s，沟底土壤厚度要大于10cm。

草沟的纵向坡度一般在0.2%～0.8%。当某段无法控制坡度在5%之内时，高差＜0.3m且流量少时，可以用＞1∶2斜坡连接；当流量较多时应用片石加固；当高差在0.3～1m时宜用块石浆砌或混凝土做跌水，并在上下游各±2m范围内铺砌块石。当不能达到上述要求时，可修整周边地形降坡，也可在转折变坡处略置山石如多级台阶跌落状，又称"谷方"，以控制冲刷并与起伏地形配合。

选用耐湿耐瘠的地被品种，植被厚度、密度与流量延缓有关，其高度平均为5～20cm。

草沟在景观需要、不影响游览的地方，可扩大成低地蓄水。蓄水时间控制在一天左右，降雨时水深在30cm之内，除了缓冲避泛，增加风格面貌，同时创造了动植物多样化条件，不超植物耐淹时间。

③ 开口明沟

当汇集水量较大或地形不能达到上述要求时，应用砖石明沟排水，以避免水土冲刷。明沟既排路面雨水，也排绿地雨水，但需注意安全。

a. 开口明沟的种类。矩形明沟占地较小，多用于场地紧、管线多的地方，如城郊绿地，日本常见；三角形明沟排水量小，维修多，宜用于土壤渗透力好的地方，如田畦；梯形明沟排水量大，占地也较大，用于场地宽、管线少的地方，如郊野。为求安全和自然美观，城市绿地中的明沟有填放卵石的。

b. 开口明沟的构造。开口明沟用砖、石、混凝土砌造；其中干砌最为生态；砖砌只用于南方气候温和、地下水位较低的地方。浆砌明沟每30～40m需留30mm宽填沥青麻丝伸缩缝。矩形、梯形明沟底宽往往取0.4m，梯形、三角形明沟的边坡在水深≤2.5m时，一般取1∶1（对边与底边比为1～1∶0.75）。沟深取决于汇水量，如沟底起坡点处最大水深0.2m，此处沟深约0.4m；当沟深在1.2m以内时，矩形明沟沟壁可取0.4m厚（砖为0.37m），梯形、三角形明沟沟壁可取0.2m；浅型明沟呈圆弧，边坡1∶4左右，用小料石砌厚0.1～0.2m。

c. 明沟的流速。明沟的底坡＞0.002，在沟深0.4～1m的情况下，明沟的流速控制因用料而不同，具体见下表：

明沟的流速控制

用料	明沟流速控制（m/s）	用料	明沟流速控制（m/s）
粗砂	0.8	干砌块石	2.0
贫砂黏土	0.8	浆砌块石	3.0
砂质黏土	1.0	混凝土	4.0
黏土	1.2	石灰岩	4.0
草皮	1.6	中砂岩	4.0

d．明沟的选地。采用明沟时地面宜有＞0.5%坡度以控制沟深。当流速较大时，排入水体之明沟出水口，可结合景观设挡水石、消力块等。明沟距建筑应＞3m，距围墙应＞1.5m，距道路坡脚应＞0.5m。

大型泄洪明沟要考虑防跌、落水回岸等安全措施。修建于20世纪五六十年代的宝鸡引渭渠，全部为敞开式，护坡用水泥板砌成。到了汛期灌溉渠变成排洪渠，危如累卵。一旦跌落即使是游至边岸，也无法逃生。

④ 盖板明沟

在人车流较多的地方，为利于使用，在明沟上置盖板称盖板明沟，常沿道路、台阶、斜坡、挡墙、广场边缘作平行布置。盖板明沟汇水直接、快捷、容量大且安全，越来越受到重视，甚至建筑出入口、地铁、高速路上下坡都设一段盖板明沟。常用混凝土、砖砌造，内壁以水泥砂浆粉光，多为矩形或U形，一般宽度为0.25～0.35m，深度为0.3～0.4m，决定于汇水量。

明沟上盖板有多种材料、宽度和造型，如铸铁、不锈钢栅或穿孔混凝土板、石板等，多有定型产品。选择时除考虑水量，更须注意承重的不同，通车者需用金属及钢筋混凝土材料，石材除开稀孔外极易折断，损坏者屡见不鲜。这不仅影响造价，更不利管养。把竖向侧石做成明沟之盖板和进水口，是一种优秀的新定型产品。

明沟盖板上可设计各种图案，绿地中也可在普通盖板、网板面上散放卵石进行美化，是景观设计重点部位。

重要的地段为减弱明沟、进水口和窨井对美观和交通的影响，做缝隙式排水。缝隙式排水国内外都有标准设计和成品，一般用不锈钢板压制，出口宽仅15mm。造价较高，初次进口产品每平方米达千元。

⑤ 暗管排水

在城市人车流较为繁忙的地方，宜尽量减少排水设施的开口面，保障安全，采用暗沟排水，进水口多作为立侧石道路的边缘。

暗沟排水的两头为进水口和窨井，末端和城市排水管网连接，一般埋深≥0.7m，最小管底坡度为0.002～0.004。

暗沟排水的进水口间隔，设计规范要求为25～50m，在初步设计时取30m，汇水面积为2500～5000m²/井。

暗沟排水的管材、窨井、进水口均有定型设计和产品，其中管材过去为预制混凝土管，现多用PVC管材。铸铁进水口和窨井盖渐改为防盗、塑钙材料。暴雨积水时，失盖窨井存在极大隐患。

暗沟排水的进水口是一个露点，因此汇水、安全和美观很重要。其中L形圆弧浅型明沟为城中近郊绿地常用。

排水主干道有弧形、半圆形、圆形等。

⑥ 盲沟排水

在要求较高的地方，如足球场、高尔夫球场的草坡和要降低地下水位的地方，采用盲沟排水。盲管的种类，有穿孔塑料管、钢丝土工布管、透水混凝土管及各种砂砾砖石砌造管。各种预制盲管外宜包土工布，再填碎石以免长期渗水后堵塞。盲管的纵向坡度控制在＞0.30%，穿孔塑料管开孔率＞15%，透水混凝土管开孔率＞20%。盲管渗水检查井间距控制为30～45m，约为150倍管径。

盲管的间距和埋深决定于土壤和植物：

a. 当地冰冻的深度。

b. 植物根系的分布。一般园林乔灌木根系深0.4～1m。

c. 树木对水位要求。如松柏类不耐水淹，水位要低至1.5m以下。

d. 按土壤的性质考虑（柯派克氏），如下表所示：

土壤的间距与深度

土壤	间距（m）	深度（m）
重黏土	8～9	1.15～1.30
泥炭岩黏土	9～10	1.20～1.35
沙质或黏壤土	10～12	1.10～1.60
自密壤土	12～14	1.15～1.55
沙质壤土	14～16	1.15～1.55
沙中含腐殖质	16～18	1.15～1.50
沙	20～24	—

盲沟排水平面和剖面参考图如下图所示：

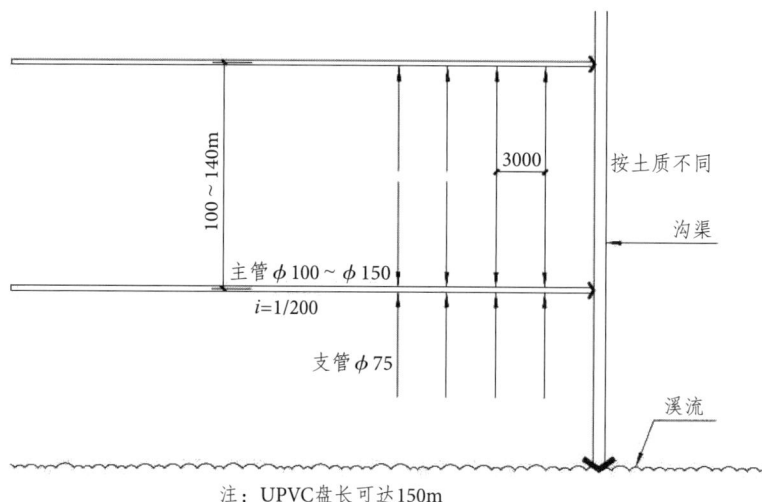

注：UPVC盘长可达150m

盲沟排水平面图

景观设计中的平面铺装

土壤类型	埋深（mm）	间距（m）
黏质土	600～750	3.6～6.5
砂土	750～900	7～10
砂粒	900～1200	11～20

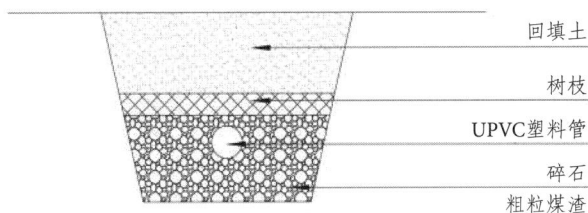

盲沟排水剖面图

（8）雨水自然入渗和沟管的要点

雨水地下入渗会人为增加土壤含水量，改变受力性能。因此，雨水渗透设施距建筑回填土区域应≥0.5m，距建筑基础应≥基础深1.5倍且≥3m。防止陡坡坍塌、滑坡的场地禁止使用。

雨水地下入渗、排水沟管以及建筑明沟之雨水，优先考虑排入补充自然形态景观水体。绿地内不通车之广场、平台、道路优先考虑采用透水地面。不排入自然形态水体之雨水沟管的末端，应与市政雨水系统连通。

雨水、污水系统应分流，污水应由市政污水系统排除。停车场雨水因常含油质，垃圾箱、堆场雨水因常有各种污染物，应排入雨水或污水管道。

雨水自然入渗，土壤会产生过滤、吸附、沉淀、生化、离子交换作用，地下水会产生溶解、稀释作用，但不能长期超载。特别是上海地下水位高，有时土层厚仅为50cm，入渗雨水很易直接进入地下水层，因此需考虑保持绿地的清洁。

（9）雨水口、进水口布置

① 对景观有影响。进水口是雨水管渠系统的地面暴露部分。雨水口按一定间距铺设在路侧或场地低点，标高一般低于地面3～5cm。但不宜设于无障碍通道中。

② 场地的雨水口。应按雨水量等进行设计，并适当修饰美化，如用汇水面积估算，雨量多的地方可汇水排泄2500m²/井，雨量少的地方可汇水排泄5000m²/井。

③ 道路的进水口。以汇水长度30m/进水口估算，当道路纵坡变化较大时做如下调整：

进水间隔随道路纵坡的调整

道路纵坡（％）	<1	1～3	3～4	4～6	6～7	>7
进水间隔（m）	30	40	40～50	50～60	60～70	80

如坡道短促、坡度大（＞2.5%），也可在路最低点用盖算明沟收水。

④ 建筑物雨水排泄。有两种方式——有组织落水和自由落水。

a．有组织落水：当采用有组织排水时，雨水口分布应均匀。

雨水口间距为：上人屋顶　　　　　　　＜12m

不上人屋顶（瓦顶）　　　＜15m

女儿墙平屋顶　　　　　　＜18m

挑檐平屋顶　　　　　　　＜24m

b. 自由落水：小型建筑高度<10m、跨度<12m时可用无组织排水。景观建筑如亭、廊、架、榭等多用自由落水；采用时要注意雨水避开人行入口、休闲座位、景观要点（如名贵花木、雕像标志）等。传统斜坡大屋顶或挑檐斜坡屋顶为保持飘逸外貌，内屋面部分用明沟，外檐部分自由落水，但只能是局部。

（10）德国的径流系数（ATV-DVWK-AL38）：

德国的径流系数

表面类型	表面处理形式	径流系数
坡屋面	金属、玻璃、石板瓦、纤维混凝土	0.9~1
	砖、油毛毡	0.8~1
平屋面 $i<3°$（5%）	金属、玻璃、纤维混凝土	0.9~1
	油毛毡	0.9
	石子	0.7
绿化屋面 $i<15°$（25%）	种植层<100mm	0.5
	种植层≥100mm	0.3
路面、广场	沥青、无缝混凝土	0.9
	铺石路面（密缝）	0.75
	固定石子铺面	0.6
	有缝隙的沥青	0.5
	碎石草地、有缝隙的沥青铺面	0.3
	渗水石、叠层砌石不勾缝	0.25
	草坪方格石	0.15
斜坡、护坡、公墓	陶土（带有排水系统）	0.5
	砂质黏土	0.4
	卵石、砂土	0.3
花园、草地、农田	平地	0~0.1
	坡地	0.1~0.3

附录9　园林植物的色彩数据

（1）树木的色彩

树木的景观效果受季节的影响很大，如果从色彩上分析，明度和彩度变化不大，而色相的变化比较大。

彩叶树同样如此，变化的只是色相。推广彩叶树，除了树种，还要研究成色时的衬托和背景。

树木的色彩数据

季节	种类	色相	明度	彩度
春季	乔木	2.5～5GY	5～6	6～8
夏季	乔木	5～7.5GY	4～5	5～6
秋季	乔木	6～7.5GY	4～5	2～4
冬季	乔木	7.5GY	3～5	5～6
夏季	针叶树	5GY	4	3
夏季	阔叶树	6GY	4	3
—	枯枝	2.5Y	4～8	5～6
—	红叶	7.5R	4～5	4～5

（2）地被的色彩

草坪受栽植品种、地点、季节、状态和养护的影响，色相变化较大；足球场坪的彩变，一是阴影，二是修剪方向形成。

注意地被中青苔的生境阴湿，其彩度很低，是设计中的"地狱"。

（3）花卉的色彩

花卉绚丽多姿，色彩因品种而异，其中以黄色调最为亮丽。布置花径，要注意三要素的对比协调。

花卉的色彩数据

花卉外观	色相	明度	彩度
红色	2.5～7.5R	4～9	4～8
红紫色	2.5～10RP	5～8	5～10
黄色	2.5～5Y	8～8.5	12～14
蓝色	10B	5	6
蓝紫色	7.5～10PB	5	8～10

（4）安全色的表示

安全色	符号	表示
红色	7.5R4.5/14	高度危险、防火、停止。例：消火栓、应急电话
黄红色	2.5YR8/13	危险。也可用白、黄、红色条纹。例：高大烟囱、水塔（机场附近)机械安全罩
黄色	2.5Y8.0/13	注意。也可用黑、黄色条纹。例：车站站台、台阶踏板、地面凹坑边缘、地坪突出物、高度低的梁
绿色	5G5.5/6	安全、卫生。例：安全门、梯，救护站
蓝色	2.5PB5.5/6	轻度危险的注意。例：开关箱外面
红紫色	2.5RP4.5/12	存在放射能。也可用红紫、黄色条纹
白色	N9.5	通行、整理。例：方向标志的箭头、文字
黑色	N1.5	方向、注意。例：方向标志的箭头、文字

（5）色彩的属性

由色相、明度、彩度三个属性来表示，以 H V/C（其中，H色相、V明度、C彩度）表示。无彩色的黑、白和灰，用N表示。如黄褐色砂岩2.5Y5-7/1-4。淡黑色花岗石N2.5-5。

以色相而言，红（R）、黄红（YR）、红紫（RP）、黄（Y）是暖色；绿黄（GY）是中性色；绿（G）、紫蓝（PB）、蓝绿（BG）、蓝（B）是冷色。在无彩色中黑比白色温暖，无彩比有彩色寒冷。

附录10　绿地铺装的类型

本书将绿地铺装类型分为8类36种。

1. 活体材料

活体材料指景观设计中由软质活体材料组成的铺装。

（1）天然草坪植被是最接近自然的活体铺装，柔软透气，价廉透水，休闲、运动都相宜。

（2）人造草坪是无法满足天然草坪生存条件时的替代品。

天然草坪　　　人造草坪

2. 松散材料

由指定松散材料组成的铺装，不同材料有不同用途。

（1）土路。泥土适用于简道。传统农村的阡陌田埂，城镇须"接地气"的武术、林地中的捷径蹊道、土生建筑需要的亲民，土铺装最适合搭配乡土风情。要有良好排水，避免雨天泥泞。

（2）沙滩。沙滩是最亲近天然水境的铺装，沙漠中最宝贵的是水体。除了提供决然不同的亲身体验，也提供了一个广袤无边的天然空间。这也成为人工沙滩的目标，甚至设在城市中心、欢乐的儿童游乐场。

（3）其他松散材料。传统的松散材料是天然的，新型材料多是人工或改良的，且在不断发展充实中。不同材料有不同质地、粒径和色泽。多数纹理是立体化的沟纹，如典型日本枯山水，白沙形可诉情。

土路　　　　　　　　　沙滩　　　　　　　　　其他松散材料

3. 块状材料

它是铺装的主要款式，有悠久的历史，容易构成一种符号，表现一定的氛围。景观铺装可成"线"，也可由"线"发展为"面"。

块状材料中路面砖、混凝土砖常用一个向上面，土砖瓦可用两个面，石、木料三个面都可作为铺装面。块状路面一般情况下基层为柔性结构、半刚性，适用于园林、绿地、广场的凹凸地形和填土不稳基地。透水气、避噪尘、防眩滑、控造价。便于分段施工、维修。

（1）汀步。块体材料中的独行侠，汀之景在于个体与总体的协调。多数情况下形和体是一致的，一处汀步用一种材料、一种状态，以求统一以免扰目。但同种个体内妙在有千奇百怪的变化，有弦外之音。

一种材料和状态　　汀之变在整体　　个体之间有微差　　汀之妙在寓意

（2）嵌草铺装和停车格栅。同以混凝土单元材料的群，前者人行，后为停车。人行缝距要适于步距，停车其"忐忑"尺寸能长草。这两类材料都有图案，优美在于与绿的交融。一般情况下嵌草铺装形可多变，停车格栅形趋简洁一致。

嵌草铺装　　　　　　　　　　　　　　　　停车格栅

（3）竹木铺装。用天然原料，弹性柔和极富亲切感，甚至可赤脚行走。多板料也有枝、干、枋、檩、梁，现有仿木材及结构，对生态有利。变化在高深莫测的"栈"的规划上，同时板材也能排列出很多动人图案。

竹木铺装　　　　　　　　　　　　　　　　"栈"的规划

（4）庭院花街和传统砖瓦。砖瓦、碎料代表我国独特的传统材料和拼砌工艺，深有古味，要认真吸取精华，古为今用又不受限于形式。

庭院花街　　　　　　　传统砖瓦

（5）路面砖。路面砖为世界各国广泛使用，从产品到铺砌都实现了机械化。铺装图形通常由一种单元组成，少数有同形状两种以上规格。设计应减少边界、交接与转折处的切割拼接，也可利用砌缝做相对调整。精心制筑的陶土透水砖，魅力四射，与以价取料判如两代。

魅力四射   1950年前旧砖

（6）弹街石。弹街石是块料石材中一种，形态稳定。弹街石能长期延续，观用并蓄、尺度适宜、取料砌造方便，并形成一种独特风情，都是其客观原因。

独特风情   用容并举

（7）块料石。石料应用是人类文明、社会进步的见证。梁思成先生说世界建筑是石、木的历史记录。石块体的排列是一种艺术，砌筑是一门技术，有建筑师说："它代表了一种境界。"

砌筑是技术   编排是艺术

4. 整体现筑

（1）泥结碎石。泥结碎石是前乡镇公路普遍使用的经济路面，有老公路韵味，天然、节约又生态。适合郊野、湿地、森林、环城绿地建设初期。要点是融入环境和关注气象，在天气干燥或略湿时最佳。同时也不适合无障碍和婴儿车通行。当地有建筑垃圾可利用，最宜选用改良土铺装。

乡镇之间　　　　　　　　大山之下　　　　　　　　柬埔寨道路

（2）水泥混凝土。荷载大，尤其耐开停震动。外表可作多种纹理，必要时可作预制块，也是多种铺装表面类型的承载层。

绚丽多姿　　　　　　色浅面平　　　　　　作荷载预制块　　　　　外表多种纹理

（3）沥青混凝土。弹性好，反光少，适合"面"的使用。高压高温下易变形，车行频繁停留、坡大、表皮纹色装饰注意配比。

弹性好　　　　　　　反光少　　　　　　高压高温下变形

包含整体现捣三类：

① 整体浇制形成统一面层。但用料不同，在选用上存在很大差异。

② 要注意生态环保和表皮装饰的统一，适合各种景观设计需要。

③ 能适应各种外形变化，对绿化保存有利。但高温时会烫、贴脚。

　　　　　　　　　　　　　　　　　　　　景观设计中的平面铺装

④ 表面色纹都极简洁，呈浅灰黄褐、灰白、灰黑，近于原色。

⑤ 整体性强，适合绿地的车行地段，能使用机械快捷施工。

⑥ 水泥混凝土与沥青混凝土复合铺装：

a．黑修白。在旧水泥混凝土上直接加铺沥青混凝土面，是防治裂缝的常用办法。对旧路要求是：路面平整，平整度达15mm/3m；旧底板脱空位移≥0.1mm时要灌浆；结构性损坏要破碎、碾压，使之与基层密实接触。

b．黑盖白。新建道路采用上沥青混凝土下水泥混凝土复合式面层铺装，具有二者各自的优点。景观设计时会在高档工程、特殊交通情况下接触到。

c．黑＋白。沥青拉应变值小，对基层要求高。在关卡、验证等反复起停地段常改用水泥混凝土。与其他刚性路面交接基层需一个过渡段。

d．黑边白。沥青混凝土道路的侧石常用水泥混凝土预制，黑白分明。

黄金时代封面　　水泥饰面　　　　交接过渡段　　　　　　黑白分明

5. 整体粉刷

在整体浇制面上做各种饰面，在保持整体优势的同时，又达到观赏要求。各地的选材和施工不同，凡是以稳固基层为饰面的铺装，都归入本类，一般适合人行，车用时需提高结构及面层厚度。

本类所用粉刷材料均为天然细碎石料，涂抹材料多为合成、新型材料。使用不同工艺和胶粘剂（包含树脂等）施工，会有不同效果。其中鹅卵石面是我国江南一带乡镇、民居中常见的。

本类铺装优势在于形态极为灵活，可以说上下左右不受限制。劣势在于多为手工操作现场湿作业、费工料时。现场粉刷加上颗粒粗细、疏密平整程度略有不同，使用过程中各部位受损不同。

本类新产品多为材料喷涂，减少现场粉刷，尚有很多等待发掘补充。

鹅卵石面　　　　　　彩色粉刷面　水磨石面　　　　　水刷石面　　　斩假石面

碎料散点面　　　　　　　　　　彩色压模面　　　　　无机涂料面

6. 陶瓷板材

陶瓷历史悠久，是我国传统材料，内容丰富。陶瓷材料是板材粘贴之一，以水泥混凝土为基面，规格从小到大，一般有定尺。其装饰的斟酌，一是选材，二是排列。小块面的马赛克、广场砖以个体为单元，大块面陶瓷砖除个体底色变化，可见自带图案。

广场砖和瓷质地砖中厚板仿石砖可行车，其他的并不适宜。板材是室内装饰主要品种，陶瓷板材重在其中，给人以清洁、光亮、平滑、高贵、华丽的感觉。

马赛克　　　　　　广场砖　　　　　　　陶土红砖　　　　　　瓷质地砖

7. 其他板材

在整体浇制面上粘贴各类板材，除上节陶瓷板材外，主要有水泥、石料、玻璃、金属、塑胶等。板材粘贴常是铺装主体，尤以石料最多见。玻璃金属板材往往画龙点睛，表现出更多独立性，材质本体也出彩。其他板材以塑胶为主。

水泥板材　　　　　石料板材　　　　　玻璃板材　　　　　金属板材　　塑胶板材

8. 透水铺装

大面积地坪硬化阻碍降水补给，造成地下水位下降，阻碍与空气的热、水分交换，难以调节温湿度，甚至影响动植物生存环境，改变大自然原有生态平衡。在暴雨季节，加大地面积水内涝，造成城镇隐患。透水铺装指符合绿色城市要求，各项要素融洽在透水透气的生态面貌下。实际上我们传统城镇庭院园林多是透水的铺装。

透水铺装

致　谢

thanks

———————

对我工作、来往的上海市园林设计研究总院有限公司、上海浦东规划建筑设计院、上海兰斯凯普城市景观设计有限公司、上海市园林工程公司、上海聚隆景观设计有限公司、上海北斗星景观设计工程有限公司、上海景盛景观设计工程公司多年来给予的帮助支持表示感谢。对诸多同事、校友、亲友秦启宪、杜安、汪之新、庄伟、俞青、章舒婷、章舒婕、林静的关怀支持致以谢意。